LE GÉNIE

DE

L'AGRICULTURE

ET DE

L'HORTICULTURE

DU MIDI ET DU SUD-OUEST DE LA FRANCE

Guide pratique indispensable aux Propriétaires, Cultivateurs,
Horticulteurs et Commerçants.

Par M. Ferdinand ROUGET

AVEC LE CONCOURS

D'Agriculteurs et Horticulteurs expérimentés.

> Nos efforts constants ont pour but de
> prouver que les gros livres ne sont pas
> toujours les meilleurs.

SE VEND PAR L'AUTEUR. — PRIX 3 Fr.

1864.

L'AGRICULT...

ciboule, concombre, courge, cresson, échalotte, éc...
ci., épinards, laitue, melon, navet, oignon, oseille,
-pate, persil, poireau, pourpier, raifort, radis, raiponce,
salsifis, scorsonère, rfouette, souchet, spilante, tomate,
topinambour.

CHAP. XIV. Arboriculture. — Affaissement, aménagement, aoûter, baliveau, bourgeon, bourrelet, boutures,
branches, cépée, chancre, cloque, couture, courbure, déplanter, drageon, ébourgeonnement, écusson, effeuillage,

...raie, falu...; fu-
...oudrette, purin,
s générales et par-
ce et selon la sur-
vent les semailles,
ttage, blé, carie,
phalaris, sarrasin,

Un volume

L'Agriculture a des rapports
origine et ses progrès : alimen
suite de l'Agriculture. La terre
ou de l'indigence des hommes :
Propriétaires et Agriculteurs, l
Le guide essentiellement pra
culture du Midi et du Sud-O
réel ; cet ouvrage diffère esse
effet, les uns, quoique renfern
lacunes qui les rendent insuffis
beaucoup trop vaste des théorie
et font ainsi de l'art de cultive
quels dès-lors ne peuvent pas r
peut tirer des notions et des ré
de prendre connaissance de la ?

1

CHAP. IX. Vignes. — Culture...
geonnement, effeuillage, réparation, mal
altération des vins.

CHAP. X. Instruments arato
bêche, besoche, binette, charrues, cribl
hue, extirpateur, fourchet, faucille, faulx
hache-paille, herse, houe, machines div
versoir, pic, pioche, râteau, râtissoire
serpe-serpette, ventilateur.

CHAP. XI. Animaux agricole
chevaline, ovine, porcine, poulailler,
verses races.

CHAP. XII. Pronostics. — Ti...
des animaux, des végétaux.

CHAP. XIII. Plantes Potagè
sage, artichaut, Asperges, Aubergine,
cardon, carotte, céleri, cerfeuil, cher...

PREMIÈRE LISTE DES SO...

MM

Le Baron d'ALBIS, propriétaire.
ARDENNE, membre de la Société d'Ag
D'AUZON fils, propriétaire.
D'AYGOBÈRE, propriétaire.
DELAY, Docteur-Médecin, propriétaire.
BARRE, propriétaire.
BERNARDY, propriétaire.

CHAP. I. Terres Agri
blanches, boulbène, bruyère,
pacte, coteaux, fondrières, fort
graveleuses, imperméables, in
bles, noires, rouges, sablonne
terreaux, arpentage.

LE GÉNIE

DE

L'AGRICULTURE ET DE L'HORTICULTURE

DU MIDI ET DU SUD-OUEST DE LA FRANCE

Par M. Ferdinand ROUGET

Avec le concours d'Agriculteurs & Horticulteurs expérimentés

Un volume in-12, sortant de sous presse, juin 1864, prix 3 francs.

L'Agriculture a des rapports avec toutes les parties de l'Etat ; il n'y en a aucune qui n'en dépende et qui ne lui doive son origine et ses progrès : aliments, population, arts, commerce, navigation, armée, revenus, richesse, tout marche à la suite de l'Agriculture. La terre, bien ou mal employée, et les travaux des sujets bien ou mal dirigés, décident de la richesse ou de l'indigence des hommes ; il est donc de la plus grande importance de propager et de mettre à la portée de tous les Propriétaires et Agriculteurs, les connaissances pratiques et les récentes découvertes agricoles.

Le guide essentiellement pratique que nous offrons au public agricole, intitulé *le Génie de l'Agriculture et de l'Horticulture du Midi et du Sud-Ouest de la France*, renferme les meilleures notions et présente un caractère d'utilité bien réel ; cet ouvrage diffère essentiellement des nombreux traités publiés sous différents titres, sur les mêmes matières. En effet, les uns, quoique renfermant des notions fort utiles, remontent à une époque trop ancienne pour ne pas présenter des lacunes qui les rendent insuffisants ; d'autres, trop volumineux, mais d'une publication plus récente, embrassent le champ beaucoup trop vaste des théories agricoles et même quelquefois des connaissances humaines qui se rattachent à l'Agriculture, et font ainsi de l'art de cultiver la terre une science qui n'est pas à la portée de l'intelligence de tous les Agriculteurs, lesquels dès-lors ne peuvent pas retirer toujours de ces écrits de véritables profits. Il suffit, pour apprécier les avantages qu'on peut tirer des notions et des récentes découvertes agricoles contenues dans *le Génie de l'Agriculture et de l'Horticulture*, de prendre connaissance de la Table des Matières et de la première Liste des Souscripteurs notables de Toulouse ci-après :

TABLE DES MATIÈRES CONTENUES DANS CET OUVRAGE.

CHAP. I. Terres Agricoles. — Alumine, argile, blanches, boulbène, bruyère, caillouteuse, calcaire, compacte, coteaux, fondrières, fortes, franches, froides, glaises, graveleuses, imperméables, incultes, légères, loam, meubles, noires, rouges, sablonneuses, siliceuses, sous-sols, terreaux, arpentage.

CHAP. II. Culture des Terres. — Ameublissement, assolement, binage, butter, colmatage, défoncement, défrichement, desséchement, écobuer, effriter, grêle, irrigation, labour, motte, plombage, sarclage.

CHAP. III. Engrais — Bones, bouses, charbon,

cendre, chaulage, colombine, compost, engrais, falun, fumier, guano, houille, marne, plâtre, plâtras, poudrette, purin, sable, stimulants, suie, tanée, tourteaux.

CHAP. IV. Semailles. — Époques générales et particulières, quantités relatives à chaque espèce et selon la surface de terrain à ensemencer, façons qui suivent les semailles.

CHAP. V. Céréales. — Avoine, battage, blé, carie, charbon, épeautre, maïs, mitadin, orge, phalaris, sarrasin, seigle.

CHAP. VI. [Plantes fourragères] — [illegible], ragan, fétuque, fléole, fleuve, fromental, garance, gerbée, gesse, houlque, ivraie, laiteron, lupuline, luzerne, mélilot, navet, orobe, paille, panais, pastel, patarin, peucédan, pimprenelle, pois-chiche, ray-grass, raifort, [illegible], foin, scabieuse, spergule, stellaire, trèfle, vesce, vulpine.

CHAP. VII. Plantes Oléagineuses. — Arachide, cameline, carvi, chanvre, colza, lin, navette, pavot, tournesols.

CHAP. VIII. Légumes. — Fèves, haricots, lentilles, pois, pommes de terre.

CHAP. IX. Vignes. — Culture, taille, ébourgeonnement, effeuillage, réparation, maladie, fabrication et altération des vins.

CHAP. X. Instruments aratoires. — Araire, bêche, besoche, binette, charrues, crible, déplantoir, écobue, extirpateur, faucheт, faucille, faulx, galères, grattoir, hache-paille, herse, Loire, machines diverses, pelle, pelleverseur, pic, pioche, râteau, ratissoire, rouleau, semoir, serpe-serpette, ventilateur.

CHAP. XI. Animaux agricoles. — Races bovine, chevaline, ovine, porcine, poulailler, reproduction de diverses races.

CHAP. XII. Pronostics. — Tirés de l'atmosphère, des animaux, des végétaux.

CHAP. XIII. Plantes Potagères. — Ail, arrosage, artichaut, Asperges, Aubergine, Betterave, câprier, cardon, carotte, céleri, cerfeuil, cervis, chicorée, chou, ciboule, concombre, courge, cresson, échalotte, éclaircir, épinards, laitue, melon, navet, oignon, oseille, piment, persil, poireau, pourpier, raifort, radis, raiponce, salsifis, scorsonère, serfouette, souchet, spilanthe, tomate, topinambour.

CHAP. XIV. Arboriculture. — Affaissement, aménagement, aoûter, baliveau, bourgeon, bourrelet, bontures, branches, cépée, chancre, cloque, couture, courbure, déplanter, drageon, ébourgeonnement, écusson, effeuillage, élaguer, emplâtre, espalier, greffe, greffoir, ensaussant, exposition, feuille, labourage, racine, qui incisé, inoculer, labourage, pépinière, plantation, récolte, nain, pincement, pivot, plançon, plantation, provin, racines, recépage, sève, stratification, taille, tuteur.

CHAP. XV. Arbres Fruitiers. — Abricotier, amandier, cerisier, cognassier, figuier, framboisier, groseiller, noisetier, pêcher, pistachier, poirier, pommier, prunier.

CHAP. XVI. Arbres Forestiers et d'Ornement. — Alisier, aubépine, aulne, bondue, bouleau, buis, catalpa, cèdre, chalef, charme, châtaignier, chêne, cormier, cyprès, église, érable, frêne, fusain, gainier, genévrier, hêtre, houx, if, laurier, lierre, lilas, magnolia, marronnier, mélèze, micocoulier, mûrier, néflier, noyer, olivier, orme, peuplier, pin, platane, robinier, sapin, saule, sorbier, sycomore, tilleul.

CHAP. XVII. Plantes d'Agrément. — Alcée, amarante, alysse, amaryllis, aristoloche, aster, balsamine, bondiac, camélia, camérisier, céanothe, céphalanthe, chèvrefeuille, chiranthe, chrysocome, clématite, dahlia, daphné, dauphinelle, dirca, dolic, églantier, empoter, dépoter, éphémérine, fagabelle, gattilier, genêt, géranium, girofflier, glaïeul, glycide, gynaphate, grain, grenadille, hélène, hélianthe, héliotrope, hémérocalle, hortensia, ibéride, iris, jacinthe, jasmin, julienne, ketmie, kalmantère, laurier-rose, lavande, lys, liseron, lobélie, marguerite, métrosydères, muflier, muguet, myosotis, myrte, narcisse, œillet, oranger, oreille-d'ours, ornithogale, pervenche, phlox, pivoine, polémoine, primus, redout, renoncule, réséda, rhododendron, rosiers, silphium, souci, syringa, tagès, tubéreuse, tulipe, tussilage, violette.

CHAP. XVIII. Indicateur des travaux. — Pour chaque mois de l'année, comprenant l'Agriculture, l'Arboriculture, le jardin potager, le jardin d'agrément.

PREMIÈRE LISTE DES SOUSCRIPTEURS NOTABLES DE TOULOUSE. — JUIN 1864.

MM

Le Baron d'ALBIS, propriétaire.
ARDENNE, membre de la Société d'Agriculture.
d'AUZON fils, propriétaire.
d'AYGOBÈRE, propriétaire.
DELAY, Docteur-Médecin, propriétaire.
BARRE, propriétaire.
BERNARDY, propriétaire.

MM.

BOGUES, Juge de paix.
BOISSIÉ, propriétaire.
CAUSSÉ, Secrétaire de la Société d'Agriculture.
CARAYON (Jules), membre de la Société d'Agriculture.
CAZE, Président à la Cour impériale, vice-président de la Société d'Agriculture.
Le Vicomte CLAUZELLES de BOURGES, propriétaire.

garance, gerbée, luzerne, mélilot, sarin, peucedan, rutabaga, safran, vesce, vulpine.

sant, exposition, greffe, incision annulaire, marcotte, nain, pincement, pivot, plançon, plantation, quenouille, racines, recépage, sève, stratification, taille, tuteur.

CHAP. XV. Arbres Fruitiers. — Abricotier, amandier, cerisier, cognassier, figuier, framboisier, groseiller, noisetier, pêcher, pistachier, poirier, pommier, prunier.

CHAP. XVI. Arbres Forestiers et d'Ornement. — Alisier, aubépine, aulne, bonduc, bouleau, buis, catalpa, cèdre, chalef, charme, châtaignier, chêne, cormier, cyprès, cytise, érable, frêne, fusain, gainier, genévrier, hêtre, houx, if, laurier, liciet, lilas, magnolia, marronnier, mélèze, micocoulier, mûrier, néflier, noyer, olivier, orme, peuplier, pin, platane, robinier, sapin, saule, sorbier, sycomore, tilleul, troène, tulipier, viorne.

CHAP. XVII. Plantes d'Agrément. — Alcée, amaranthe, alysse, amaryllis, aristoloche, aster, balsamine, bordure, camélia, camérisier, céanothe, céphalanthe, chèvrefeuille, chimanthe, chrysocome, clématite, dahlia, daphné, dauphinelle, dirca, dolic, églantier, empoter, dépoter, éphémérine, fagabelle, gattilier, genêt, géranium, giroflier, glaïeul, glycine, gymphaté, grain, grenadille, hélénie, hélianthe, héliotrope, héménocalle, hortensia, ibéride, iris, jacinthe, jasmin, julienne, ketmie, kalmenthe, laurier-rose, lavande, lys, liseron, lobélie, marguerite, métrosydérés, muflier, mogori, myosotis, myrte, narcisse, œillet, oranger, oreille-d'ours, ornithogale, pervenche, phlox, pivoine, polémoine, primevère, renoncule, réséda, rhododendron, rosiers, silphium, souci, syringa, tagel, tubéreuse, tulipe, tussilage, violette.

CHAP. XVIII. Indicateur des travaux. — Pour chaque mois de l'année, comprenant l'Agriculture, l'Arboriculture, le jardin potager, le jardin d'agrément.

SOUSCRIPTEURS NOTABLES DE TOULOUSE. — JUIN 1864.

MM.

BOGUES, Juge de paix.
BOISSIÉ, propriétaire.
CAUSSÉ, Secrétaire de la Société d'Agriculture.
CARAYON (Jules), membre de la Société d'Agriculture.
CAZE ⚜, Président à la Cour impériale, vice-président de la Société d'Agriculture.
Le Vicomte CLAUZELLES de BOURGES, propriétaire.

L
JL
LAC............, propriétaire.
LANSAC , Notaire , propriétaire
Le Vicomte de LAPASSE ,
Le Baron de LAPEYROUSE ,
LARÉE de SAINT-GUIRAUD,
LAURENS , propriétaire.
LAUTAL , propriétaire.
Le Colonel LESPINASSE,
LESTRADE (Auguste) , propriét.
LIGNIÈRES (Auguste), proprid
MALHERBE , C Colonel d'i
MARCOUL , membre de la Socit
MARTEL , propriétaire.
MARTIN, O. Président à la
MARTIN, Conseiller à la Cour l
MARTIN, brasseur , propriétain
MÉRIEL fils , propriétaire.
MOLINIER , Professeur à la l

Pour recevoir de suite l'(
Ferdinand ROUGET,
Toute personne qui réunira
poste de **16** francs , montan
avec un sixième exemplaire. (

MM.

De COMBES , ✠ Directeur des contributions directes.
CORTADE , propriétaire.
COUDER , propriétaire , agriculteur.
DELORT de la FLOTTE , propriétaire.
DESPREZ , Archevêque de Toulouse , membre de la Société
    d'Horticulture.
DUBOSC , propriétaire.
DUPRÉ . O. ✠ Procureur-général à la Cour Impériale.
ESPINASSE (Pascal), propriétaire.
ESQUIROL Flavien), Conservateur de la Société d'Agriculture
ESQUIROL , propriétaire.
FAILLON et CARTIER , négociants en grains.
FAVIER , propriétaire.
De FRAISSINES , membre de la Société d'Agriculture.
FRANK-COURTOIS oncle , Banquier , propriétaire,
FROMENT (Auguste) , propriétaire , agriculteur.
GAILLARD , Docteur-Médecin , propriétaire.
GALLES , ✠ premier Avocat-Général à la Cour Impériale
GANTIER (Emile), membre de la Société d'Agriculture.
De GENNES membre de la Société d'Agriculture.
GUERRE , Notaire , propriétaire.
Le Comte d'HAUMONT , propriétaire.
De JUGE MONTESPIEU , O. ✠ Intendant militaire, prop.
JUNIEN , Directeur du pensionnat Saint-Joseph.
LAGAILLARDE , propriétaire.
LANSAC , Notaire , propriétaire.
Le Vicomte de LAPASSE , ✠ membre de la Société d'Agr
Le Baron de LAPEYROUSE , propriétaire.
LARÉE de SAINT-GUIRAUD , propriétaire.
LAURENS , ✠ propriétaire.
LAUTAL , propriétaire.
Le Colonel LESPINASSE , ✠ ancien député, propriétaire.
LESTRADE (Auguste) , propriétaire.
LIGNIERES (Auguste), propriétaire.
MALHERBE , C ✠ Colonel d'artillerie.
MARCOUL , membre de la Société d'Agriculture
MARTEL , propriétaire.
MARTIN , O. ✠ Président à la Cour Impériale.
MARTIN , Conseiller à la Cour Impériale.
MARTIN , brasseur , propriétaire.
MÉRIEL fils , propriétaire.
MOLINIER , ✠ Professeur à la Faculté de Droit.

MM.

De MOLY (Edouard), Secrétaire-général de la Société d'Agr.
MONTAMAT , Médecin , propriétaire.
Le Comte de MONTBEL , propriétaire.
MONTELS (Félix), membre de la Société d'Agriculture.
Le Comte de MONTREDON (Henri) , propriétaire.
Le Comte de MONTREDON (Adolphe) , propriétaire.
De NAUROIS (Auguste) , membre de la Société d'Agricult.
NIEL , ✠ Président à la Cour Impériale , membre de la So-
    ciété d'Agriculture.
Le Comte de NOAILHAN , propriétaire.
Mme la Comtesse de NOUE , membre de la Société d'Horti-
    culture.
OLIVIER (Charles) , négociant , propriétaire.
D'OLIVE , membre de la Société d'Agriculture.
PARMENTIER , O. ✠ Officier supérieur du génie.
PENDARIES , propriétaire , agronome distingué.
PIERRE , colonel d'artillerie.
Le marquis de PRESSAC , propriétaire,
RAS , négociant en grains.
Le Comte de RESSIGUIER (Edmond) , membre de la Société
    d'Agriculture.
ROQUES (Auguste) , propriétaire.
ROSSIGNOL (Henri) , propriétaire.
ROUGET , propriétaire , agriculteur.
De ROZAN , O. ✠ Colonel de Gendarmerie.
ROUSTAN , O. ✠ Recteur de l'Académie , membre de la
    Société d'Horticulture.
SABATHÉ de la Capère , propriétaire.
Le Marquis de SAINT-LIEU , propriétaire.
Le Baron de SAMBUCY de SORGUES , propriétaire.
De SEVIN , propriétaire.
De SEVIN fils , propriétaire.
SOL fils , propriétaire
Le Marquis de SOLAGES , propriétaire
De VARRES , propriétaire.
VERNIOLLE , négociant en grains.
VIALAS , Conseiller à la Cour Impériale
VIDAL de LAUZUN , propriétaire.
VIGUERIE (Etienne) , propriétaire.
YARZ , négociant.
Le Baron d'YVERSENQ , propriétaire,

Toulouse, imprimerie Troyes Ouvriers-Réunis, rue Saint-Pantaléon, 3.

LE GÉNIE

DE L'AGRICULTURE

ET DE

L'HORTICULTURE

DU MIDI ET DU SUD-OUEST DE LA FRANCE.

LE GÉNIE

DE

L'AGRICULTURE

ET DE

L'HORTICULTURE

DU MIDI ET DU SUD-OUEST DE LA FRANCE

Guide pratique indispensable aux Propriétaires, Cultivateurs,
Horticulteurs et Commerçants.

Par M. Ferdinand ROUGET

AVEC LE CONCOURS

D'Agriculteurs et Horticulteurs expérimentés.

Nos efforts constants ont pour but de
prouver que les gros livres ne sont pas
toujours les meilleurs.

SE VEND PAR L'AUTEUR. — PRIX 3 Fr.

1864

PRÉFACE.

L'Agriculture a des rapports avec toutes les parties de l'Etat ; il n'y en a aucune qui n'en dépende et qui ne lui doive son origine et ses progrès : Aliments, Population, Arts, Commerce, Navigation, Armée, Revenus, Richesse, tout marche à la suite de l'Agriculture. Plus elle est florissante, plus un Etat a de ressources et de vigueur. La terre bien ou mal employée, et les travaux des sujets bien ou mal dirigés, décident de la richesse ou de l'indigence des Etats ; car la culture des terres et l'industrie sont l'origine et le principe de toutes les richesses dont jouissent les hommes.

Il est donc de la plus grande importance de propager les connaissances pratiques et les récentes découvertes faites dans l'art de l'agriculture et de l'horticulture.

Si l'on considère l'ouvrage que nous donnons au public d'après son titre, on pourrait lui contester peut-être la prétention d'être un livre nouveau ; mais, pour peu qu'on veuille bien approfondir la pensée qui a dirigé sa publication, qu'on l'examine dans tous ses détails, dans le développement des principales notions qu'il renferme, on reconnaîtra bientôt que notre œuvre présente un caractère d'utilité bien réel, et qu'elle diffère essentiellement des nombreux ouvrages publiés sous différents titres, sur les mêmes matières.

En effet, les uns, quoique renfermant des notions fort utiles, remontent à une époque trop ancienne pour ne pas présenter des lacunes qui les rendent insuffisants; d'autres, trop volumineux, mais d'une publication plus récente, embrassent le champ beaucoup trop vaste des théories agricoles et même quelquefois des connaissances humaines qui se rattachent à l'agriculture, et font ainsi de l'art de cultiver la terre une science qui n'est pas à la portée de l'intelligence de tous les agriculteurs, lesquels dès lors ne peuvent pas retirer toujours de ces écrits de véritables avantages.

On trouvera donc dans cet ouvrage, soit par extraits, soit quelquefois même en entier, quantité d'articles sur les objets les plus importants de l'agriculture et de l'horticulture tirés des meilleurs mémoires qui ont paru ou dans les journaux ou dans les traités particuliers.

Qu'il n'y ait aucune gloire à recueillir d'un pareil travail, nous y consentons de grand cœur : nous ne sommes animés que du désir d'être utiles à tous ceux qui s'occupent d'agriculture et d'horticulture. Après tout, il importe seulement au public que le choix de ces divers articles ait été fait avec intelligence et avec une sage économie.

PREMIÈRE PARTIE.

—

AGRICULTURE.

—

CHAPITRE PREMIER.

Terrains agricoles.

Les terrains agricoles sont constitués par les débris des masses minérales formant la surface solide du globe, et par les détritus des corps organiques qui s'y sont mêlés. La silice, la chaux carbonatée, l'argile et le terreau en sont les parties constituantes ; la marne, le plâtre, l'oxide de fer, le manganèse, la magnésie, les sels alcalins, &, en sont les éléments accessoires ou complémentaires. Les propriétés physiques des terrains agricoles sont variables et importantes à connaître.

Toutefois, elles ne peuvent être bien appréciées que par l'expérience ou l'analyse. La classification des terrains est intéressante au point de vue de l'agriculture ; mais comme il est difficile d'établir une bonne classification méthodique, la seule à laquelle on puisse s'arrêter, est la suivante divisée en cinq genres : 1° Les terrains renfermant l'élément calcaire (humus, argilo-calcaires, craies, sables); 2° terrains ne renfermant pas l'élément calcaire (siliceux, glaiseux); 3° argiles ; 4° terreaux; 5° boulbène et terre-forts.

Une des connaissances les plus importantes en agriculture est celle qui apprend à distinguer, à certains signes extérieurs, la valeur et les produits, la nature et les propriétés de chaque terrain en particulier.

Certaines plantes, non pas isolées et d'une végétation pauvre, mais croissant en abondance et avec force, peuvent, à cet égard, donner des indices certains. Cependant, pour apprécier la bonté d'un terrain, il ne faut pas se fier à l'apparence d'une pousse abondante d'herbe ; souvent elle n'est due qu'à l'humidité ou à des engrais récents. Il ne faut pas non plus s'en rapporter aux promesses que semble faire le bon aspect des céréales au printemps. Ce sont les blés épiés, c'est la vigueur des chaumes qu'il faut bien plus consulter. La couleur brune du terrain, après un labour récent, la même teinte donnée à l'eau qui séjourne dans les raies et au limon qui en est sorti, sont le plus généralement des signes de fertilité. (*Voir les articles ci-après*).

Alumine. Sorte de terre pulvérulente, douce au toucher, happant à la langue, incolore, insipide et inodore. L'alumine a une forte affinité pour l'eau ; unie naturellement avec la silice, dans certaines argiles blanches, comme dans le kaolin, elle forme la base de la fabrication de la porcelaine. Enfin, elle constitue avec la silice les sols argileux et contribue à leur fertilité.

Argile. Terre molle qui est un composé chimique de silice et d'alumine en proportion variable L'alumine domine généralement. Elle prend souvent les soixante-quinze centièmes du mélange et rarement moins de quarante centièmes. L'argile absorbe facilement l'eau et elle entre dans la formation des sols arables, selon des combinaisons qui les rendent plus ou moins fertiles. L'argile est indispensable pour former un bon sol ; mais si elle prédomine trop, le terrain moins perméable aux influences atmosphériques et aux racines des plantes retient l'eau, s'échauffe difficilement et s'ameublit mal.

Les terres argileuses s'amendent par des labours fréquents et profonds, par les mélanges de substances étrangères calcaires ou siliceuses, par l'ouverture de fossés et de rigoles qui facilitent l'écoulement des eaux surabondantes, par l'enfouissement des récoltes en vert, enfin par tout ce qui peut en opérer la division et le moyen de les fertiliser utilement.

Du reste, l'argile elle-même est un moyen d'amélioration pour les terres légères et poreuses ; elle leur donne de la cohésion et les fait participer aux qualités qu'elle possède en excès et dont ces terres manquent.

L'argile sert à la confection des briques, des tuiles, des poteries, &.

Blanches. On appelle ainsi certaines terres dont la superficie se compose notamment de marnes argileuses peu abondantes en humus ; elles sont très peu fertiles ; la plus petite pluie en durcit la surface. Ce n'est que par le mélange d'une certaine quantité de sable et par des fumiers abondants qu'ils peuvent être fécondés ; leurs récoltes sont tardives. Les prairies artificielles et les bois sont des cultures qui peuvent leur convenir.

Boulbènes. Terre qui contient de la silice , de l'alumine (argile), et des oxides métalliques mêlés de gravier , mais sans presque point de carbonate de chaux. Uue partie de la silice y existe à l'état de sablon , et suivant que ce menu gravier s'y trouve en plus ou moins grande quantité , la boulbène est sablonneuse , légère ou forte. L'inconvénient des boulbènes qui est de se laisser trop facilement pénétrer et délayer par les pluies , et , en se séchant , de former à la surface une croûte assez dure , est parfaitement corrigé par la marne que la nature a généralement placée sous ces terres ou dans les coteaux qui n'en sont pas éloignés. La marne dans les boulbènes opère les résultats les plus avantageux , et fait de ces terres ainsi amendées des sols très productifs.

Bruyère (terre de). Cette espèce de terre , qui est un mélange de sable et de détritus végétaux plus ou moins décomposés, repose ordinairement sur une glaise pure ou sur un lit intermédiaire de sable ferrugineux très dur et très compacte. Cette terre manque généralement de profondeur et de perméabilité ; jusqu'ici on ne l'a guère utilisée qu'au moyen des plantations ; les arbres qui lui conviennent le mieux sont le bouleau, l'acacia, le pin maritime au Midi, le pin sylvestre dans le Nord.

Caillouteux. Les terrains caillouteux conviennent généralement à la vigne. On peut aussi les utiliser, en les ensemençant en seigle , en sainfoin , luzerne , et en les complantant d'arbres forestiers , de chênes notamment.

Calcaire. Les terrains calcaires contiennent des terres, des pierres, des marbres que l'action du feu peut changer en chaux. Ces matières s'y rencontrent tantôt en gravier plus ou moins gros, tantôt sous forme pulvérulente. Ces terrains , lorsqu'ils sont mélangés dans de suffisantes proportions avec de l'argile et du sable, deviennent fertiles avec le temps, une bonne culture et des engrais. Les terrains crayeux , marneux et de tuf, dont la chaux forme la base , font principalement partie des sols calcaires. Décomposées par l'air et par l'alternative du chaud et du froid, du sec et de l'humide, les pierres calcaires se transforment en un **amendement précieux**. C'est alors de la véritable marne transformée en chaux par l'action du feu ; elles agissent également d'une manière active sur la végétation.

Compactes. Terres qui ont une certaine ténacité, dans lesquelles l'argile domine en trop grande quantité. Ces terres doivent être ameublies par des fumiers, de la marne, de fréquents labours et la culture des plantes fourragères, notamment par le trèfle et la luzerne.

Coteaux. Les terrains de coteaux, à raison de leur inclinaison, demandent une culture particulière. Les eaux des pluies, entraînant la bonne terre des parties supérieures, c'est par des labours intelligents, soit à la charrue, soit à la bêche, et en ménageant un écoulement pour les eaux de manière à ce qu'elles ne se précipitent pas avec rapidité, qu'on parvient à empêcher que les champs ne soient ravinés, et qu'on leur conserve la terre végétale qui en fait la fertilité. Certaines plantes, telles que l'olivier, la vigne, l'amandier et les pêchers, peuvent être cultivées avec avantage sur les coteaux, dont la pente trop abrupte ne permet pas d'autres cultures. Mais il faut toujours observer l'exposition pour les plantations qu'on y fait. Ainsi les arbres dont nous venons de parler demandent d'être plantés au levant ; au nord et à l'ouest, on peut les remplacer par le noyer, le prunier et le pommier.

Fondrières. Terrains composés de boue d'une certaine profondeur. Ordinairement, les fondrières sont dues à des sources qui sourdent dans des terrains bas et dont l'eau forme des flaques qui ne peuvent se vider. Elles sont souvent fort dangereuses pour l'homme et les animaux, qui, croyant marcher sur un terrain solide, s'enfoncent plus ou moins, et quelquefois s'engloutissent sur-le-champ. Le voisinage d'une fondrière est toujours à redouter pour un cultivateur, parce qu'elle donne naissance à des plantes que les animaux aiment beaucoup, et qu'en allant pour les manger, ils peuvent s'y enfoncer et s'y perdre. Aussi est-il prudent de la faire entourer d'une barrière qui empêche les animaux de s'y engager ; mais le mieux, quand il existe des terrains de cette nature, c'est de les dessécher, afin d'en utiliser le sol pour la culture.

Forts. Terrains composés d'argile, de sable, de calcaires et d'humus, auxquels convient parfaitement la culture du blé, du maïs et des fèves , ainsi que des plantes fourragères, telles que le sainfoin et les vesces noires. La force productive des terrains forts varie beaucoup , et presque toujours en raison de la profondeur du fond. Ces sortes de terrains peuvent être semés avec l'humidité. Les gelées les ameublissent, et le défoncement les améliore beaucoup. Les pays de terre-forts sont réputés les plus productifs en céréales, et sont les plus estimés.

Franches. Terres qui ne sont ni calcaires, ni argileuses , ni décidément siliceuses, mais formées d'une quantité de calcaire qui ne dépasse quarante pour cent et qui peut être moindre. Lorsque ces terres sont convenablement fumées , elles sont très propres à la culture des céréales et des plantes économiques ; la pondération de leurs éléments rend inutiles les amendements, s'accorde avec tous les engrais et facilite la culture.

Froides. Les terres froides sont argileuses et humides, ou marneuses , n'absorbant pas les rayons du soleil, et dans lesquelles la végétation se développe tardivement. La culture de ces terres est difficile ; elles exigent de fréquents labours , et cependant on a quelquefois de la peine à trouver un moment favorable pour les labourer. Les prairies naturelles y viennent mal. Les plantations de bois, et surtout de bois blanc, paraissent y prospérer davantage. La poudrette agit avec efficacité sur ces terres.

Glaise. Sorte de terre argileuse, dont la culture est difficile , et qui est extrêmement aride pendant les chaleurs de l'été et impraticable après les pluies. Les terres glaiseuses s'amendent par des labours fréquents et profonds, par le mélange de substances étrangères calcaires ou siliceuses, par l'ouverture de fossés et de rigoles qui facilitent l'écoulement des eaux, par l'enfouissement des récoltes en vert , enfin par tout ce qui peut en opérer la division et le moyen de les fertiliser utilement.

Graveleux. Terrains qui contiennent de petites pierres arrondies , des cailloux roulés, mêlés à du sable, à du calcaire. Les terrains graveleux sont généralement très-perméables, et s'échauffent beaucoup au soleil ; ils exigent beaucoup d'engrais. Les récoltes y mûrissent vite. Les céréales, les légumineuses, la pomme de terre, réussissent dans les sols graveleux , pourvu qu'ils soient un peu humides. L'irrigation est un des meilleurs moyens de les rendre productifs.

Imperméable. Les terrains imperméables sont composés de glaise

ou d'argile très compactes , dont la ténacité est un obstacle à leur fécon_
dité ; on les rend productifs à force de labours , d'engrais et d'amendements qui les divisent et qui en changent, en quelque sorte, la nature.

Inculte. Un terrain est inculte , lorsqu'il n'a pas été labouré depuis
plus ou moins longtemps , ou même jamais. Il y a des personnes qui
croient que tout terrain inculte doit être cultivé, et même cultivé en céréales, vignes, etc. C'est une erreur ; car il ne suffit pas de cultiver, il faut
encore cultiver avec profit. Or, il est des natures de terrains, des localités
où les dépenses de la culture l'emportent sur les produits. Il vaut donc
mieux ou les planter en bois, ou les laisser en pâturage.

Légère (terre). C'est celle qui n'est pas liée , [dont les parties se
divisent facilement par les labours, et dans laquelle l'eau ne peut séjourner. Les terres légères sont généralement précoces et favorables à beaucoup de cultures ; mais dans les années sèches, elles sont de peu de produit.

Loam. C'est le nom que les agronomes ont donné à une terre arable
qui tient le milieu entre les sols sablonneux et les argileux , et dans laquelle la silice , le calcaire , l'argile et le terreau se trouvent associés en
de bonnes proportions. On peut les comparer aux terres franches. Les
loams sont très estimés parce qu'ils sont propres à toute sorte de culture ,
et généralement fertiles ou susceptibles d'être fertilisés.

Meuble. Une terre meuble est celle qui est friable et facile à labourer, et qui a été rendue telle par de nombreux labours très soignés. Le
plus souvent, une terre meuble est avantageuse à la végétation des plantes ; mais il est des cas où elle lui nuit, ou parce que ses molécules ne
sont pas assez en contact avec l'extrémité des racines des plantes , ou
parce qu'elle laisse passer trop rapidement l'eau des pluies , ou parce
qu'elle laisse évaporer trop rapidement l'humidité du sol.

Noire. En général , les terres noires sont fertiles, parce que mieux
que les autres , à raison de leur couleur, elles absorbent les rayons du
soleil. Il faut en excepter les terres tourbeuses, qui ne deviennent fertiles
que par une longue exposition à l'air ou par leur mélange avec la chaux.

Rouge. Ces terres, de nature argilo-sablonneuses, sont surchargées d'oxyde rouge de fer ; elles sont généralement infertiles. On peut cependant en obtenir quelques productions, notamment de l'ajonc.

Sablonneux. Lorsque les terrains sablonneux sont mélangés d'argile, de terre calcaire ou de terre végétale, ils peuvent alors être employés à la culture des céréales. Ainsi, le mélange de deux tiers d'argile avec un tiers de sable forme de bonnes terres à blé. Si l'argile n'y entre que dans la proportion d'un tiers ou d'un quart, ce mélange forme ce qu'on appelle terres légères, terres sablonneuses, terres à seigle. En général, on peut tirer un parti avantageux des terres sablonneuses, soit dans les lieux où on peut les fertiliser par des irrigations abondantes, et y cultiver ainsi des prairies ou des végétaux utiles, soit dans le voisinage des grandes villes où l'on peut, à l'aide d'argile, des plâtres des vieux bâtiments et d'autres matières propres à la végétation, créer une nouvelle couche de terre végétale. Quant aux engrais, il faut les employer avec discernement ; on doit attendre pour les répandre qu'ils soient entièrement consommés. Un engrais excellent pour les terres de cette nature, ce sont les récoltes enterrées en vert, qui rendent au sol beaucoup plus qu'elles ne lui ont emprunté, et qui entretiennent autour des racines, lorsque l'ensemencement est fait aussitôt, une fraîcheur salutaire. Les sols de cette nature peuvent être utilisés par des semis ou plantations d'arbres.

Siliceux. Les terrains siliceux ont pour caractère de fournir au moins cinquante-cinq centièmes de silice libre. On les trouve à peu près partout. Ils sont très faciles à cultiver, et peuvent l'être avantageusement dans les contrées pluvieuses et celles où l'on peut facilement arroser. Le chiendent, le pin, le bouleau, le chêne y prospèrent.

Sous-sol. Partie du sol qui se trouve immédiatement au-dessous de la couche arable et végétale. Il ne suffit pas, pour apprécier la qualité de la terre, d'en connaître la surface, car le sous-sol exerce une grande influence sur la fécondité. Un sous-sol glaiseux, par exemple, retenant les eaux dans la couche végétale supérieure et empêchant leur infiltration, retient dans cette couche une humidité nuisible. L'effet contraire pourra arriver par suite d'un sous-sol poreux qui absorbera trop promptement les eaux versées sur la couche supérieure. Quelquefois le sous-sol est de nature à être mélangé avec la terre végétale, pour laquelle il devient un utile amendement. D'autres fois, au contraire, il faut se garder de l'attaquer avec la charrue, dans la crainte que, mêlé avec la couche végétale, il n'y apporte des modifications nuisibles.   1.

Terreau. On appelle ainsi le résidu de la décomposition des végétaux et des animaux que les cultures et les engrais ont déposé sur le sol. Le rôle du terreau dans la végétation est important. Les bons terrains en contiennent communément cinq à huit pour cent. On distingue deux sortes de terreaux ; 1° le terreau doux, généralement composé d'un fort mélange de détritus organique de terres calcaires, très divisé et souvent accompagné de coquilles d'eau douce ; ce terreau réclame un mélange d'engrais animaux ; 2° le terreau acide. Les sols provenant des défrichements récents des bois produisent ce terreau. La formation d'une grande quantité d'acide carbonique, la présence du tannin en forte proportion, y nuisent à la végétation. Néanmoins, l'avoine, le colza, les pommes de terre y réussissent. Les fumiers, les cendres, le chaulage, l'écobuage, le marnage corrigent ces défauts.

Arpentage. Le moyen le plus simple d'évaluer la surface d'un terrain est de le partager en autant de carrés ou de triangles qu'il est nécessaire d'en tracer pour qu'elle soit entièrement couverte, de mesurer ensuite la surface de chacun de ces carrés ou triangles, et de faire la somme des mesures partielles dont l'ensemble donnera la mesure générale. Pour obtenir la surface d'un carré, si ses côtés sont égaux, on mesure l'un des côtés et on le multiplie par lui-même. Ainsi, le carré ayant 25 mètres de côté, la surface totale du carré sera de 25 fois 25 mètres ou 625 mètres carrés. Pour connaître la surface d'un triangle, on mesure le plus grand côté, on abaisse sur ce plus grand côté une perpendiculaire du sommet de l'angle qui lui est opposé et l'on multiplie le grand côté par la moitié de cette perpendiculaire ; le résultat que l'on obtient représente la surface du triangle. Ainsi, le grand côté ayant 25 mètres et la perpendiculaire 18 mètres, on multipliera 25 par la moitié de 18 ou 9 et l'on aura 225 mètres carrés. L'are se compose de 100 mètres carrés; l'hectare de 10,000 mètres carrés; le centiare vaut 1 mètre carré.

CHAPITRE DEUXIÈME

Culture des Terres.

La culture des terres a pour objet la préparation du sol pour le rendre productif ; c'est aussi l'ensemble des opérations qui se succèdent et qui constituent l'agriculture. Il y a la grande et la petite culture. La grande culture se fait avec des attelages, et s'applique à des terrains de plus ou moins vaste étendue. La petite culture est celle qui est restreinte à des terrains moins étendus, dont les productions sont plus limitées, et dont les travaux se font à la bêche. (V. les articles ci-après.)

Ameublissement. Cette opération, qui a pour objet de mettre le sol en position de recevoir les diverses récoltes et de le fertiliser, consiste à remuer la terre végétale le plus profondément possible, par des labours fréquents faits avec la charrue ; à la purger, par le sarclage et le hersage, des mauvaises herbes et parasites, dont les débris contribuent en même temps à enrichir le sol, et enfin à faire un mélange complet et uniforme du fumier, du terreau ou de la marne, etc., avec la terre. On atteint ainsi par l'ameublissement deux résultats essentiels : 1º la pulvérisation du sol qui facilite la végétation ; 2º l'aération, c'est-à-dire l'exposition successive de toutes les parties du sol à l'action du soleil et de l'air.

Assolement. L'assolement consiste à partager les terres labourables en diverses portions ou *soles* destinées à porter successivement des cultures différentes. Un bon assolement est la chose la plus importante en agriculture, car il a pour effet d'alterner les récoltes de manière à supprimer le plus possible les jachères, d'obtenir ainsi du sol le produit le plus élevé, sans cependant rien ôter à la valeur du fonds, et en le maintenant, au contraire, dans un état constant d'amélioration. Afin d'arriver à ce résultat, l'agriculteur doit consulter, pour le choix des récoltes, le climat, la nature et la fertilité du sol, les circonstances locales , et enfin l'emploi le plus avantageux des produits destinés soit à la vente, soit à la nourriture des animaux. Il doit encore ne pas s'écarter de ce principe : que le retour des mêmes végétaux sur le même sol, ainsi que celui des espèces de même genre et des individus des mêmes familles naturelles, doit être reculé le plus possible.

Binage. Cette opération a pour objet l'ameublissement et le nettoyage des terres ; elle s'applique principalement aux cultures en lignes. Les hersages peuvent être considérés comme de vrais binages, ainsi que les façons de la vigne. Mais que le binage ait pour objet le jardinage, ou qu'il ne soit employé qu'à la grande culture, il n'en est pas moins utile, et on ne saurait trop recommander ce procédé. On pratique le binage à l'aide de divers instruments , dont le plus usité se nomme binette , et dans certains cas, avec la houe à cheval.

Butter. Cette opération a pour objet d'activer la végétation, soit en entretenant plus de fraîcheur autour des racines , soit en leur apportant une terre plus ameublie dans laquelle les plantes poussent avec plus de vigueur, soit enfin en fortifiant la tige contre l'action des vents. Elle protége aussi les plantes qui sont semées en automne contre les effets de la gelée. La pomme de terre, le maïs, le houblon, la garance, le colza, les pois, les haricots, etc., demandent à être buttés. Le buttage, dans la petite culture, se fait à la bêche, à la houe ou à la binette. Dans la grande culture on emploie la charrue ou un buttoir à cheval à deux versoirs.

Colmatage Opération par laquelle on élève progressivement le niveau d'un terrain submersible en y conduisant des eaux troubles qui y déposent des matières terreuses ou couches de limon que, dans certains lieux, on appelle colmate. Cette opération, qui a aussi pour objet de fertiliser le sol et de l'assainir en le mettant à l'abri du séjour des eaux, suppose plusieurs conditions · 1º la possibilité de conduire sur les terrains à exhausser les eaux chargées du limon d'une rivière ; 2º la possibilité de faire écouler ces eaux lorsqu'elles ont laissé déposer leurs matières terreuses; 3º l'existence dans le voisinage de matériaux propres à élever des berges autour du terrain pour retenir les eaux qu'on veut y diriger. Ainsi l'opération exige , comme on le voit , des travaux particuliers qui ont pour objet de faciliter l'introduction des eaux et de les retenir jusqu'à ce qu'elles aient déposé leur limon , et ensuite de les éconduire pour les remplacer par d'autres.

Défoncement. Opération qui consiste à fouiller un terrain plus ou moins profondément, à enlever les pierres, les graviers, et mettre à la place une terre nouvelle pour en changer la nature ou l'améliorer en la rendant plus fertile et plus perméable aux racines des plantes. Les avantages de cette opération sont prompts et durables. Elle profite surtout à certaines plantes dont les racines pénètrent profondément, comme la luzerne, les carottes, les betteraves, la garance, la réglisse, etc. Le défoncement se fait à bêche, à la pioche ou à la charrue. Le meilleur est celui qu'on fait à la bêche ou à la pioche.

Défrichement. Pour opérer un défrichement, il faut d'abord débarrasser le sol de toutes les plantes qui le couvrent, en les arrachant, en les coupant ou en les brûlant. On procède ensuite à un premier labour peu profond ; mais ordinairement le sol présente à la charrue des obstacles difficiles à vaincre. On a inventé, pour y remédier, des charrues d'une construction plus forte que les charrues ordinaires et dont le soc et le coûtre plus tranchants permettent d'opérer le défrichement avec succès. La culture qui convient le mieux aux terres défrichées, après toutefois qu'on a laissé pendant quelques mois la terre s'assouplir par son exposition à l'air, est celle de l'avoine et des plantes sarclées. Cependant, il ne faut pas abuser de la fertilité naturelle des terrains défrichés en leur demandant des récoltes successives de graines, si l'on n'avait pas le soin de maintenir leur fécondité par des engrais et par des cultures fourragères.

Desséchement. L'eau, si utile à l'agriculture, lui devient quelquefois nuisible par la disposition ou la nature de certains sols qu'elle inonde ou qu'elle détrempe et qu'elle rend ainsi infertiles. Souvent le travail de l'homme peut vaincre ces obstacles, et parvient à rendre fertiles, en les desséchant, les terrains placés dans ces conditions d'infertilité. Mais dans toute entreprise de desséchement, soit étendue, soit restreinte, il faut, avant tout, étudier avec soin la nature du terrain et la cause du séjour de l'eau. Les divers moyens de desséchement qu'on peut mettre en pratique sont : le remblaiement, le colmatage, les canaux, les fossés couverts ou rigoles souterraines et les sondages.

Ecobuer. Opération qui consiste à enlever la superficie d'un terrain chargé de plantes à plusieurs centimètres de profondeur, couper ces tranches carrément, en former de petits fours, y mettre le feu, et répandre ensuite sur le sol cette terre réduite en cendres. En somme, l'écobuage occasionne beaucoup de dépenses et produit peu d'effet. Plutôt que d'écobuer, le cultivateur fera mieux, par de fréquents labours, de bien diviser les terres en friches et d'attendre du temps la décomposition des plantes qu'il aura enterrées ; cela lui coûtera moins, et le produit sera plus réel.

Effriter. Les plantes garnies de beaucoup de chevelu épuisent considérablement la terre en la dépouillant des sels qu'elle contient et en la laissant dans un état de divisibilité qui lui enlève tous ses liens d'adhérence. On doit lui rendre sa fertilité par des engrais. Il faut donc alterner les cultures en faisant succéder les plantes traçantes à celles qui pivotent. Ainsi, le blé après la luzerne, réussit parfaitement ; tandis que le blé après le blé, et la luzerne après la luzerne ne prospèrent pas. Les labours trop multipliés ont l'inconvénient d'effriter la terre, à moins qu'on n'y répande une grande quantité d'engrais.

Grêle. Quant aux travaux à faire après la grêle, selon l'époque de la saison où l'on se trouve, selon l'étendue du désastre, il faut se hâter de faucher les blés pour utiliser les pailles. Dans tous les cas, si ce sont des luzernes, des trèfles qui ont été ravagés, il faut prendre de suite la faux et les couper ; si ce sont des pois, des fèves, etc., qui ont été couchés contre terre, il faut les enterrer avec la charrue et les utiliser ainsi comme engrais, et s'il est encore temps, demander à la terre une autre récolte pour l'automne, en semant des graines qui puissent produire des fruits qui viennent à maturité à cette époque. Quant aux arbres, dans les vergers et les jardins, il faut couper les branches atteintes, et même les grosses branches près du tronc pour provoquer la production du nouveau bois. Pour la vigne enfin, il ne faut pas hésiter à la tailler si elle a été fortement endommagée.

Irrigation. Les irrigations sont un des moyens les plus efficaces pour fertiliser le sol. Les eaux répandues ainsi sont de véritables engrais. Toutes les eaux cependant n'ont pas des propriétés également fertilisantes. Ainsi, les eaux trop chaudes ou trop froides, celles qui sortent des grandes masses de bois ou qui sont chargées de sables infertiles, ne peuvent être employées avec avantage ; si elles sont trop froides, il faut qu'elles aient été préalablement exposées à l'ardeur du soleil dans de grands réservoirs et battues par une usine ; si elles sont trop chaudes, on les laisse refroidir ; si elles sont chargées de substances infertiles, on les laisse auparavant déposer dans des réservoirs. Il faut, autant que possible, combiner l'abondance des irrigations avec la nature du sol , l'espèce de ses produits, la température du climat et la pente du terrain. On doit ménager les eaux dans les pentes rapides , autrement elles y formeraient des ravins destructeurs. On arrose alors par des rigoles sinueuses, dans les détours desquelles leur vitesse se ralentit. En plaine , au contraire , on peut arroser à plus grande eau , à moins que le sol argileux et compacte ne fasse craindre de lui donner une trop grande humidité. Un système complet d'irrigation comprend : les travaux de prise d'eau, un canal principal d'irrigation, des barrages, vannes ou écluses, des rigoles principales et secondaires, des fossés de desséchement.

Labour, labourage. Le but du labourage est d'ameublir le sol , d'enfouir l'herbe et les engrais , d'exposer à l'action des agents atmosphériques les couches du terrain qui se trouvent dans un état impropre de cohésion , de ramener à la surface les parties non épuisées de principes fertilisants. Le labour à la charrue n'est pas le plus parfait , mais il est le plus expéditif; le meilleur est celui qui remplit le but qui vient d'être signalé, et d'une façon économique. Le succès dépend beaucoup de la charrue, de l'adresse du laboureur et de la nature du terrain. Mais quel que soit l'instrument dont on se serve, on doit toujours observer les règles suivantes : 1° la profondeur du labour doit être proportionnée à l'épaisseur de la couche végétale ; 2° en général, un labour à large sillons est mauvais ; il convient donc de les faire étroits ; 3° l'époque la plus favorable au labour est celle où la terre n'est ni entièrement sèche , ni toutà-fait humide ; 4° lorsque la terre est fraîchement retournée, on doit s'empresser de la diviser à l'aide de la herse.

Les labours se font à plat , en billon ou en planches. Dans la plupart des cas, le labour à plat est préférable, pourvu qu'on perce le champ de raies assez nombreuses pour donner de l'écoulement aux eaux surabondantes, dont le séjour serait nuisible à la récolte.

Motte. Un champ couvert de mottes annonce une mauvaise culture. Un laboureur doit toujours préparer ses terres dans la saison, pendant le temps et de la manière la plus favorable à son objet , et son objet est de ne pas faire de mottes ; il faut qu'il multiplie ses labours , ses roulages , ses hersages , si les circonstances l'exigent. Les terres argileuses, les prairies naturelles ou artificielles, les pâturages qu'on défriche fournissent le plus de mottes.

Plombage Opération qui consiste à tasser plus ou moins la terre après l'ensemencement et après la plantation des arbres. Le plombage n'est opportun ni pour toutes les terres ni dans toutes les saisons. Les terres argileuses et les semailles d'automne ne les réclament pas ordinairement ; on se contente, dans ces occasions, d'un hersage fait avec la herse retournée ou avec le rouleau à pointes. Le plombage se fait avec des rouleaux en bois, en fonte ou en pierre, selon la nature du terrain et l'effet que l'on veut produire. Dans les jardins, et pour la plantation des arbres, le plombage s'effectue simplement avec les pieds.

Sarclage. Opération qui consiste dans l'arrachage des plantes à la main, sans façon donnée à la terre. Elle ne doit pas être confondue avec le binage. Cette opération protège les jeunes plantes contre l'envahissement des herbes nuisibles. La culture des plantes sarclées tend tous les jours à s'introduire davantage. Cette culture est, en effet, améliorante pour le sol ; elle profite, non-seulement à la plante pour laquelle elle est donnée, mais encore aux récoltes qui suivent, à raison de l'état de propreté dans lequel elle maintient le terrain. Les plantes auxquelles la culture sarclée est principalement appliquée, sont : le maïs, les fèves, les pois, les haricots, le colza, les pommes de terre, etc.

CHAPITRE TROISIÈME.

Amendements et Engrais.

Les amendements naturels sont : l'air, l'eau, la chaleur, en un mot, tous les agents atmosphériques. Les amendements artificiels sont : les labours, les sarclages, les hersages, les mélanges de terres, l'emploi de la chaux, de la marne, des plâtras et débris de démolitions, du falun ou substances coquillières. Le plâtre, les cendres et les substances salines sont encore employés comme amendements stimulants. Il existe d'autres moyens d'améliorer un terrain qu'il ne faut pas confondre avec les amendements terreux et inorganiques ; ce sont les engrais. Ils sont tirés : 1° des parties vertes des plantes, au moyen de l'enfouissement ; 2° des parties mortes ou desséchées des feuilles des arbres, des fougères, des fanes de toutes les mauvaises herbes, des balles qui se détachent des épis pendant le battage ; 3° des marcs des fruits, des graines et fruits oléagineux ; 4° des plantes aquatiques. Ces diverses substances sont réduites en engrais par la macération et la fermentation provoquée par des agents chimiques. Il est d'autres substances employées aussi comme engrais animaux. On comprend parmi ces substances : le sang desséché, la corne, les débris des peaux, la laine, la soie, les plumes, les crins, les poils, l'urine, la matière fécale liquide et en poudrette, et le noir animalisé. Tels sont les nombreux moyens d'amendement dont l'agriculteur peut faire usage, mais qu'il doit employer avec discernement en consultant la nature du terrain qu'il veut amender. Quant à l'époque où les engrais doivent être répandus sur les terres, elle varie beaucoup ; non-seulement chaque pays, mais même chaque ferme suit une méthode différente. Toutefois, il existe deux époques où on porte plus ordinairement les fumiers dans les champs : l'une, au printemps avant le second labour ; l'autre, avant les semailles d'automne, à la fin de l'été. (V. les articles ci-après).

Boue. Les boues des rues des villes, bourgs et villages, des cours, des bâtiments, celles des fossés, des mares, contiennent des substances alcalines, végétales et animales propres à constituer un excellent engrais.

Elles doivent être recueillies avec soin ; mais il ne faut pas les utiliser fraîches ; elles doivent rester longtemps exposées à l'air , pendant une année, avant d'être employées, à moins de les mélanger avec d'autres terres pour en former un compost , ou avec de la chaux , qui accélère la dessiccation et fait disparaître les inconvénients de leur emploi, quand elles sont trop récentes.

Bouse. Les excréments sont la base de l'engrais produit par les étables sous le nom de fumier. L'action de ce fumier étant moins vive que celle de la fiente des chevaux et des moutons , on l'emploie de préférence sur les terres froides. La bouse , mêlée avec de la terre , sert à recouvrir les plaies des arbres ; cet emplâtre est désigné vulgairement sous le nom d'onguent de St-Fiacre.

Charbon , Cendres. Le charbon n'est pas seulement employé comme combustible , il est encore utile en agriculture. On ne saurait cependant le considérer comme un engrais ; mais il peut servir comme amendement dans les terres légères , par la propriété qu'il a d'absorber l'eau et de la retenir pendant longtemps; il les préserve ainsi de la sécheresse excessive qui leur est fatale. Ainsi , on ne doit pas laisser perdre les cendres charbonneuses provenant soit des fours à charbon , soit des fours à plâtre et à chaux. Ces dernières surtout , contenant des substances calcaires , peuvent être employées avec avantage sur les prairies artificielles et dans les sols compactes et argileux. Elles détruisent les mauvaises herbes , et sont surtout convenables aux terrains humides et marécageux dont elles font disparaître les plantes aquatiques, elles favorisent la végétation de toutes les récoltes , tant d'automne que de printemps, des céréales comme des légumineuses , et contribuent à la production du grain , plus encore qu'à celle de la paille; elles produisent surtout des effets remarquables sur les prés , le blé noir , la navette et le chanvre. L'union des cendres avec le fumier double réciproquement leur action; dans certains pays , on considère comme une excellente préparation pour le blé , le mélange de huit à dix hectolitres de cendres par hectare avec une demi fumure. Les cendres lessivées sont préférables aux cendres vives , et il ne faut pas moins de vingt à trente hectolitres par hectare. On les répand avant le labour des semailles. La terre et les cendres doivent être sèches. On sème le grain sur la cendre , et on enterre le tout en même-temps par un seul labour. Indépendamment des cendres de bois , qui sont les meilleures , on emploie aussi en agriculture celle de tourbe et de houille , ainsi que les cendres pyriteuses provenant de la fabrication du sulfate de fer et de l'alun.

Chaulage. La chaux pulvérisée, seule ou mélangée s'emploie pour augmenter la fertilité des terres qui manquent de l'élément calcaire , c'est-à-dire des sols argilo-siliceux , où croissent généralement les herbes parasites, telles que le chiendent, l'agrostis, la fougère, &, que la chaux a la propriété de détruire. Elle contribue à ameublir le sol , et le rend ainsi éminemment propre à la culture des céréales et des fourrages dont elle accroît les produits. S'il s'agit seulement d'activer la végétation, trois hectolitres de chaux par hectare suffisent; mais si l'on veut amender le sol , en modifier la composition , il faudrait de cent à six cents hectolitres par hectare. Cette amélioration deviendrait dans ce cas fort coûteuse, et l'emploi de la marne , si l'on avait cette substance à sa disposition, serait plus économique et préférable. Toutes les qualités de chaux ne sont pas également propres à l'amendement des terres. La chaux hydraulique les rend trop tenaces, et augmenterait ainsi le vice des terres que l'on veut corriger. On emploie la chaux mélangée avec la terre ou seule. Mêlée avec de la terre ou des engrais desséchés , elle donne de bons résultats. Ainsi on conseille comme un bon amendement le mélange de la colombine pulvérisée avec des cendres de chaux. La quantité à employer par hectare est de six hectolitres de cendres de chaux par trois hectolitres de colombine pulvérisée.

Colombine. Cette matière , qui n'est autre chose que la fiente des pigeons et des volailles, est un des plus puissants engrais animaux, mais elle n'est pas assez abondante pour qu'on puisse l'employer en grand. Du reste, cet engrais est très actif, et il dure peu. Mélangé avec du terreau, il est excellent pour la vigne , où il ne faut l'appliquer qu'en petite quantité , si on l'emploie sans mélange. On s'en sert pour fumer avec avantage les orangers , et dans certains pays il est utilisé surtout pour les cultures potagères.

Compost. Mélange de substances de toute espèce, propres à former un engrais destiné à fertiliser les terres. Le compost est plus particuliè-rement employé pour la culture de la vigne et les plantes fourragères. Les diverses matières qui entrent avec la terre , dans la composition du compost, sont la vase tirée du fond des fossés , des ruisseaux , des étangs, le tan, la suie , la craie , la chaux, la marne , les balayures des rues et des grandes routes , les lies et résidus des matières fermentés, le gazon, la poussière des tourbes , les herbages, les cendres , les feuilles des arbres , les marcs des fruits, les végétaux qui ont servi de litière : toutes ces matières arrangées par couches alternatives se transforment, en séjournant ensemble, en un terreau qui devient un excellent moyen de fertiliser le sol. Les débris des plantes des jardins, le produit des ratissages, les feuilles sèches laissées longtemps en tas, finissent par fournir un compost qui, mélangé avec le marc de la vendange, devient un très bon amendement pour la vigne.

Craie. Espèce de carbonate calcaire, sorte de marne blanche et fine qui se trouve dans la terre en couches horizontales et souvent forme à sa surface des sols d'une grande étendue. Infertile à la surface de la terre, la craie peut, comme la marne, devenir un amendement fécond pour les terres argileuses. On la répand, réduite en poudre grossière ou transformée en chaux vive, et dans certains sols elle est supérieure à la marne.

Falun. Coquilles brisées ou réduites en poussière, qui forment dans la terre des dépôts plus ou moins considérables. Le falun, extrait de ces dépôts, est répandu sur les terres, après l'avoir exposé à l'action de l'air pour le faire dessécher. C'est un amendement qui diffère peu de la marne, et dont les effets se prolongent pendant longtemps. On peut ajouter à l'énergie de cet amendement en mêlant le falun avec du fumier. On répand le falun dans la proportion selon la nature du sol, de 30 à 60 charretées par hectare.

Fumier. Parmi les engrais divers, le fumier est le plus important. Un bon cultivateur doit chercher à en augmenter continuellement la masse en employant pour faire les litières : la paille, les herbes sèches, les feuilles sèches, les grandes plantes impropres à la nourriture des bestiaux, les herbes des marais desséchés et même les rameaux d'arbres quand il n'a pas autre chose à sa disposition. La litière doit être remuée tous les jours, afin de renouveler celle qui est imprégnée de l'urine et des excréments des animaux. Le fumier fait agit plus promptement et se fait surtout sentir sur la première récolte ; mais les effets du fumier récent sont plus durables. Le fumier fait vaut mieux dans les terres sèches et chaudes à cause de la propriété qu'il a de conserver longtemps l'eau des pluies ; mais le fumier long est préférable dans les terres argileuses qu'il soulève et dont il diminue la ténacité. De nombreuses expériences ont établi qu'en général, dans la grande culture, l'usage du **fumier récent** est préférable.

Guano. Sorte d'engrais composé d'excréments d'oiseaux que l'on importe principalement du Pérou et du Chili. On l'emploie seul ou mêlé au quart ou au cinquième de charbon en poudre ou de noir animal , ou encore mélangé , à parties égales, avec le plâtre pulvérisé. C'est sur les prairies que le guano produit les meilleurs effets. 350 à 400 kilogr. paraissent nécessaires pour la fumure d'un hectare de terrain.

Houille. Les cendres de charbon de terre sont très recherchées pour l'amendement des terres labourables ; elles conviennent surtout dans les terrains argileux , froids , et produisent de bons effets sur les prairies naturelles et artificielles La suie de houille est également un excellent engrais , et elle a l'avantage de faire périr les insectes par son âcreté ; c'est au commencement du printemps qu'on doit la répandre : plus tôt elle serait entraînée par les pluies; plus tard elle se dessécherait et produirait peu d'effet.

Marne. Mélange naturel, dans des proportions variables, de calcaire et d'argile, auxquels se trouve presque toujours mêlé un peu de sable. Suivant les proportions relatives des substances qui constituent la marne, elle est dite calcaire, argileuse, sablonneuse. Il est rare que les terrains où manque le calcaire ne reposent pas sur des couches de marne. Certaines plantes annoncent aussi l'existence de la marne dans le sein de la terre ; ce sont les tussilages, l'ononis, les sauges, le trèfle jaune, les ronces , les chardons. La marne est employée pour amender les terres. Lorsqu'un terrain est trop compacte parce qu'il est trop argileux , le mélange d'une marne très calcaire le divise, l'ameublit, détruit l'adhérence de ses parties et le rend plus facile à cultiver en tout temps. Au contraire, lorsqu'il est trop léger et qu'il perd trop facilement son humidité, le mélange d'une marne argileuse le rend apte à conserver l'humidité et donne plus d'adhérence à ses parties. L'expérience a fait reconnaître qu'il faut laisser la marne hors de terre pendant longtemps avant de l'employer. A cet effet , on la dépose en petit tas sur le sol , avant l'hiver, et on la répand au commencement du printemps, lorsqu'elle s'est délitée, et qu'elle est devenue plus friable et plus facile à se mêler avec le sol. La marne ne sert à la terre que d'amendement et non pas d'engrais ; seulement, comme la marne dispose mieux la terre à la production, elle peut exiger une dose de fumier un peu moins considérable. Elle est surtout très efficace quand elle est mélangée avec du fumier. La marne s'emploie non-seulement sur les terres labourables , mais encore sur les prairies naturelles et artificielles.

Plâtre. On emploie en agriculture, pour amender et féconder le sol, le plâtre cru ou cuit. Il paraît cependant que le plâtre cuit doit être préféré ; mais de quelque manière qu'on l'emploie, il faut le répandre en poudre et à la volée comme le grain, dans une proportion variable, suivant l'état et la nature du sol, et le but qu'on se propose. La dose diffère entre 300 et 600 kilogrammes par hectare. Le plâtre donne une vigueur nouvelle aux plantes. Il agit surtout avec efficacité sur le trèfle, la luzerne, le sainfoin ; sur les pois, les fèves, les haricots, et, en général, sur toutes les légumineuses. Ses effets sont admirables, principalement sur le colza, la navette, le lin, le chanvre, le sarrasin, etc. ; mais son action est contestée sur les graminées. Il ne faut pas répandre le plâtre sur la terre nue et labourée, mais sur la récolte même, dans le moment où la végétation commence à être active. Son action est très efficace quand il est répandu le matin sur les plantes couvertes d'une abondante rosée, ou après la pluie. Il est encore un moyen efficace d'employer le plâtre avec économie, c'est de le mêler avec du fumier dans les cours et même sur le champ.

Plâtras. On emploie en agriculture les débris de constructions faites en plâtre ; comme amendement, ils sont préférables au plâtre lui-même. On les concasse avec des massues, ou en les broyant sous la roue des voitures ; et mêlés avec la terre, lors des premiers labours d'automne, ils produisent des effets toujours assurés ; ils la rendent plus meuble, et ne nuisent que par leur excès en donnant trop facilement passage à l'eau des pluies. Il est beaucoup plus avantageux d'en faire usage aussitôt après la démolition, et on peut les mêler avec les fumiers après les avoir pulvérisés ; on augmente ainsi l'énergie des fumiers.

Poudrette. Les excréments humains sont un des plus puissants engrais animaux ; seulement, ils ne peuvent être employés récents encore et dans leur état naturel, car alors ils détruisent la végétation par l'excès même de leurs principes fertilisants. C'est principalement sous deux formes différentes qu'on les emploie en agriculture : liquides ou réduits en poudre. Sous cette dernière forme, ils prennent le nom de poudrette. Dans cet état, ils sont répandus sur les récoltes venues dans les terres froides, et dans des proportions qui varient selon la nature du sol. Ce n'est qu'en poudrette qu'on emploie, dans le midi et le sud-ouest de la France, les excréments humains, et on la reserve pour des terres qui ont besoin d'un stimulant que cet engrais est le seul propre à leur donner ; mais il n'est pas généralement appliqué à toutes les terres qui, par leur nature chaude, où suffisamment fécondées par des excréments moins actifs, auraient plus à souffrir qu'à gagner à l'emploi de la poudrette. La quantité à employer varie selon la nature du sol et celle de la semence. En général, 1,200 kilogrammes par hectare sont une quantité suffisante. Après avoir répandu la poudrette et la semence, on les recouvre ordinairement l'une et l'autre, au moyen de la herse. Cette espèce d'engrais produit principalement beaucoup d'effet sur le blé, et quelquefois même on le répand sur cette plante en herbe, au lieu de l'employer avec la semence; elle agit comme stimulant et ne doit être considérée, malgré les effets avantageux qu'elle produit, que comme auxiliaire du fumier des animaux qu'elle ne saurait remplacer.

Purin. Sorte d'engrais liquide composé des urines des animaux. Cet engrais est un de ceux qui sont les plus précieux et dont l'action sur les végétaux est plus active et plus salutaire. Le cultivateur doit donc veiller à ce que les urines de ses bestiaux soient conservées avec soin et mêlées avec les fumiers dont elles améliorent considérablement la propriété fertilisante. Le purin convient surtout aux prairies. On l'y répand après l'avoir mélangé avec une plus ou moins grande quantité d'eau, ou avec 1 ou 2 kilogrammes d'acide sulfurique par 100 kilogrammes de purin, ou avec 6 à 7 kilogrammes de sulfate de fer ou de plâtre.

Sable. Infertile par lui-même, le sable est employé comme un amendement utile pour améliorer les terres trop argileuses; en changeant leur nature, il en divise les molécules, il les rend plus meubles et plus friables; elles deviennent par ce mélange plus perméables à l'eau, et plus pénétrables aux racines des plantes. Le cultivateur doit donc recourir à ce moyen partout où la nature du sol qu'il cultive le permet, et partout où il y a du sable à sa portée. Le sable des bords de la mer agit, non seulement comme amendement, mais encore comme engrais, parce qu'il est mélangé de matières animales et végétales que les flots ont apportées.

Stimulants. Moyens employés en agriculture pour obtenir une végétation hâtive ou plus riche. Tels sont : le plâtre jeté au printemps sur le trèfle et sur la luzerne, les substances alcalines, les cendres de bois, de tourbe, la suie, l'urine, la chaux éteinte à l'air, mais employée à petite dose. Il ne faut prs confondre les stimulants avec les amendements qui modifient la nature du sol, ni avec les engrais qui l'enrichissent de substances nécessaires à la végétation.

Suie. La suie provenant de la combustion du bois est employée en agriculture. Ses effets sont certains sur les prairies humides, principalement sur celles qui sont dévorées par la mousse. Mêlée avec les fumiers, elle en augmente l'énergie ; stratifiée pendant quelques mois avec la terre végétale , elle forme un compost excellent ; elle rétablit la vigueur des arbres épuisés, et fait périr les fourmis qui ont creusé leurs galeries entre les racines. On doit cependant ne faire usage de la suie qu'avec modération ; car, employée en trop grande quantité, elle brûle les plantes.

Tannée. Le tan, après avoir perdu dans les tanneries son tannin, est alors très propre à servir d'engrais. Il a sur le fumier l'avantage d'être moins humide, d'avoir moins d'odeur, de durer plus longtemps , de donner une chaleur plus égale. La tannée est principalement employée en horticulture pour faire des couches dans les bâches ou dans les serres , afin d'entretenir la chaleur autour des plantes qu'on y cultive.

Tourteau. Résidu solide de la fabrication de l'huile. Les principaux tourteaux sont ceux de lin, de noix, de chenevis, de colza, d'olives, de faînes. L'agriculteur les utilise pour fertiliser la terre comme engrais ; on les répand, après les avoir réduits en poudre, à la main ou à la volée, sur les blés en état de végétation, sur les lins, sur les colzas qui commencent à se développer.

CHAPITRE QUATRIÈME.

Semailles.

Les semailles doivent être l'objet de tous les soins du cultivateur. Chaque plante a une époque fixée par la nature pour son ensemencement ; mais on doit regarder comme une règle générale que les semailles faites de bonne heure promettent toujours une récolte plus abondante. Avant l'hiver, la plante a plus le temps de se fortifier avant que les gelées surviennent, et elle a plus de force pour y résister ; après l'hiver , il faut s'empresser de semer, avant même le mois de mars, à moins que la nature du sol ne l'empêche. Le temps le plus propre pour la semaille du printemps est celui où l'atmosphère est chargée de brouillards et lorsque les rosées sont abondantes. Quelque soin que l'on doive apporter cependant à faire de bonne heure les ensemencements , il faut prendre en considération l'état du sol et celui de la température , et bien souvent il vaut mieux semer trop tard que par un mauvais temps, ou dans une terre mal préparée.

La semence qu'on doit employer doit toujours être la meilleure, la plus pure de toute semence étrangère. De sa grosseur et de sa bonne qualité dépendent en général la belle venue de la plante et l'abondance de la récolte. Il est toujours avantageux , avant de procéder à l'ensemencement, de jeter les semences dans un baquet plein d'eau ; en effet, celles qui sont mauvaises, ou privées de la faculté germinative , surnagent et se séparent des bonnes. Il est ainsi facile de les enlever pour les donner à manger aux volailles.

La végétation de plusieurs semences peut être activée , soit en les plongeant dans l'eau, pendant un temps plus ou moins long pour attendrir leur écorce et commencer le travail de la germination, soit même en employant à cet effet un liquide plus actif que l'eau, comme l'eau de lessive ou l'eau de fumier. Les féverolles, les fèves, les haricots surtout, peuvent gagner à l'emploi de ce moyen.

Les semences ne conservent pas toutes pendant un temps égal leur faculté germinative. Le blé bien mis à l'abri des influences de l'air et bien traité, peut la conserver pendant trois ans, on dit même pendant cinq ans; le seigle pendant moins longtemps; les semences à huile pendant un temps beaucoup plus long, pourvu qu'elles n'éprouvent pas les ravages des vers; le trèfle, pendant deux ans; les haricots, les fèves, pendant quatre et cinq ans. En général, il faut préférer les graines les plus nouvelles Si l'on n'en a que d'anciennes, il faut semer plus épais, dans la prévoyance que quelques-unes pourront ne pas lever. Pour certaines plantes, cependant, comme le lin, les raves et navets, on préfère les vieilles semences.

Il est plusieurs manières de répandre la semence : à la volée, comme pour les céréales en général ; par pincées à deux doigts et à jets croisés; c'est ainsi qu'on sème les graines fines; et enfin à l'aide du semoir. L'ensemencement à la volée exige un semeur habile ; on sait que son habileté consiste à répandre également la semence, et par conséquent à mesurer exactement ses pas, le terrain qu'il parcourt, la force avec laquelle son bras jette, et à bien prendre le vent. Les semeurs du Midi et du Sud-Ouest mettent le grain dans un sac qu'ils disposent en forme de besace, en attachant un coin de sa partie supérieure à un coin du fond ; ils passent cette sorte de besace autour du cou après y avoir déposé environ un quart d'hectolitre de grain ; celui-ci est porté sur l'épaule gauche des semeurs, qui le font arriver, à mesure qu'ils en ont besoin, dans la partie supérieure du sac, qui forme devant eux une espèce de poche. Pour faciliter l'ensemencement des graines fines, quelques cultivateurs sont dans l'usage de les mêler avec cinq ou six fois leur volume de sable fin qu'ils répandent en même temps et à la volée. Cette pratique est assez avantageuse, et mérite d'être imitée.

La quantité de semence à répandre doit être l'objet d'une grande attention. On comprend, en effet, que si beaucoup de semence donne une récolte beaucoup plus abondante, toute économie à cet égard est une perte ; si, au contraire, l'excès de semence ne rend pas la terre plus fertile, il y a perte de tout ce qu'on emploie en trop pour semer. Il y a un vieux dicton agricole qui dit · *Qui sème dru récolte menu, et qui sème menu récolte dru.* Ce qui peut faire penser qu'en général l'avantage est dans l'économie de la semence, et que tout ce qui est en trop ne profite pas. C'est au cultivateur intelligent à étudier son terrain, à faire des essais comparatifs, et il arrive ainsi, en tâtonnant, à trouver la proportion la plus convenable.

La semence répandue sur la terre est recouverte de manières différentes : à la charrue, avec l'extirpateur, à la herse. Cela dépend de la profondeur à laquelle on veut que la semence se trouve enterrée. Les graines doivent être enterrées d'autant moins profondément qu'elles sont plus fines ; les légumes, le froment, l'orge, l'avoine, peuvent être enterrés à 7 ou 8 centimètres de profondeur ; le seigle, le blé noir doivent l'être moins ; le trèfle doit l'être très-peu ; il ne faut jamais le semer sur le labour, mais seulement après un hersage ; la herse est presque trop pour le recouvrir ensuite ; il ne faut du moins employer que les herses les plus légères, ou une simple herse faite de bourrées attachées à un chassis. Le pavot, le trèfle incarnat, demandent encore un hersage plus léger ; il ne faut pas même leur en donner du tout, si le temps est à l'humidité et la terre bien préparée. Pour la plupart des graines, et notamment pour les graines fines, un roulage est fort utile après que la semence a été couverte par le hersage. En effet, en comprimant la terre à la surface, il la rend plus propre à conserver au-dedans l'humidité, qui favorise la germination.

La germination est cette puissance végétative par laquelle la graine prend son mouvement vital et commence à se développer ; la graine se ramollit, gonflée par l'humidité qu'elle absorbe, le hile s'ouvre, et l'on voit apparaître au dehors les deux parties essentielles de l'embryon : la *gemmule*, qui se dirige vers la lumière, la *radicule*, qui cherche un milieu consistant ; la radicule, principe de la racine, tend toujours à descendre ; la gemmule, principe de la tige, tend toujours à remonter. L'eau, l'air sont nécessaires à la germination ; le gaz oxigène l'accélère ; le sol fournit à la jeune plante les aliments convenables et lui sert de support et d'appui. Il faut une certaine température ; ici, elle ne doit pas dépasser 20 ou 30 degrés ; au-delà, le dessiccation de la graine commence. Enfin, la germination ne peut avoir lieu dans le vide, ni dans les profondeurs de la terre où l'air ne pénètre pas.

CHAPITRE CINQUIÈME.

Céréales.

Les céréales sont des plantes dont les graines essentiellement farineuses, propres à la fabrication du pain, servent à la nourriture de l'homme. Les plantes cultivées pour cet usage sont l'avoine, le blé ou froment, l'épeautre, le maïs, l'orge, le panic, le sarrasin, le seigle et le sorgho.

Toutes les céréales se sèment en automne, à l'exception du maïs, dont l'ensemencement n'a lieu qu'au printemps, et de l'avoine que l'on sème à la même époque. Elles croissent sous tous les climats ; cependant les unes, comme le blé, le seigle, l'avoine, préfèrent les terres argilo-calcaires ; d'autres, comme le maïs, aiment les terrains calcaires ou les terres meubles et légères, comme l'orge. Les céréales veulent un sol ameubli, riche en engrais. Elles constituent elles seules les assolements triennaux avec jachères ; dans tous les autres, elles tiennent une place importante, et c'est pour leur préparer le sol qu'on fait précéder leur culture de celle des plantes sarclées et des prairies artificielles.

Le pois du grain des diverses epèces de céréales, de l'usage le plus commun peut être, terme moyen, fixé comme suit : froment par hectolitre, de 76 à 77 kil. ; le seigle, de 68 à 69 ; l'orge, selon les espèces, de 50 à 68 kil. ; l'avoine, de 41 à 42. (*Voir les articles ci-après*),

Avoine. Plante de la famille des graminées dont le grain sert à la nourriture des chevaux ; dans les contrées pauvres, la farine d'avoine concourt à l'alimentation de l'homme. Il existe beaucoup de variétés d'avoine. La plus cultivée est l'avoine commune. Elle se sème de septembre en mars ; mais dans le Midi de la France, on préfère, avec raison, la semer en automne. L'avoine exige, en moyenne, deux hectolitres et demi environ de semence par hectare. Dans les bons fonds, son produit s'élève jusqu'à vingt pour un. La paille d'avoine est généralement consommée en litière ; cependant elle est donnée comme nourriture aux bœufs et aux vaches pendant l'hiver ; mais elle ne convient pas aux chevaux.

Battage. Le battage est une opération agricole importante. Pour l'exécuter avec avantage et économie ; il doit réunir trois conditions : enlever tous les grains , s'exécuter avec rapidité , ne point gâter la paille. Le battage a lieu de plusieurs manières : 1° au fléau , par la main de l'homme ; 2° par dépiquage avec les animaux ; 3° à l'aide d'instruments appelés machines à battre ; 4° au rouleau. On emploie plus généralement les chevaux ou le rouleau en bois ou en pierre. Quand on bat avec des chevaux on met les gerbes debout, appuyées les unes contre les autres et légèrement inclinées , et on fait trotter les chevaux dessus jusqu'à ce que le grain soit entièrement détaché de l'épi. Quand on se sert du rouleau en bois , on le fait tirer par des chevaux qui trottent aussi. Ces deux modes ont l'inconvénient de fatiguer beaucoup les animaux qu'on y emploie. Aussi préfère-t-on dans beaucoup de contrées se servir d'un rouleau en pierre, qui est traîné par des chevaux ou même par des bœufs qui vont au pas. Le rouleau opère par la pression qu'il exerce. Aussi faut-il qu'il soit d'un poids assez lourd ; la chaleur d'une part et le soin qu'on prend de retourner d'abord les épis et ensuite de bien remuer la paille , font que l'on obtient de très bons résultats de ce procédé. Si l'on veut accélérer l'opération, et c'est ce que l'on fait dans les grandes exploitations , on fait marcher en même temps plusieurs rouleaux. Quelques agriculteurs font usage des machines à battre; mais comme elles sont en général d'un prix très élevé , elles ne peuvent guère être employées que dans les grandes exploitations Le blé resté sur l'aire avec la balle qui enveloppe le grain , est amoncelé en pile , et si le vent souffle assez , on le vanne , on le passe au crible et au ventilateur , et on l'enferme immédiatement. Si le vent manque , on laisse la pile sur l'aire et on la recouvre de paille jusqu'à ce qu'on puisse la vanner. Rarement le temps est assez dérangé , ou les vents ont assez peu régné pour empêcher que , même dans les grands domaines , le mois d'août se soit écoulé sans que tous les travaux du battage aient été entièrement terminés.

Blé. Plante de la famille des graminées , qui sert , sous diverses formes, à la nourriture de l'homme. Le son , distrait de la farine et les tiges servent de nourriture aux bestiaux. Il existe un très grand nombre de variétés de blé ; les deux principales sont : 1° le blé à épis sans barbes, qui est le plus répandu en France et dans une grande partie de l'Europe , est le plus estimé et est connu sous le nom de blé fin ; 2° le blé dont l'épi est barbu , qui se subdivise en blé fin et en blé gros ou froment renflé, dit poulard, a le grain raccourci, bossu ou voûté sur le dos. On divise encore le froment en blés rouges et blancs, en blés durs et blés tendres. En général, tous les blés dont la culture est le plus en usage sont semés en automne. Cependant il en est qui peuvent être semés en mars ; mais le succès en est beaucoup moins certain, et leur culture est d'ailleurs moins productive. A l'égard de la quantité de la semence, elle dépend de la qualité de la terre ; ainsi les terres maigres demandent plus de semence que les fortes. Il en est de même des terres humides ; elles en exigent plus que les sèches. L'usage ordinaire est d'employer environ deux hectolitres par hectare. Un sol plus argileux que sableux, et surtout riche en humus, convient davantage au blé. Cependant il réussit dans les terres légères, bien amendées, quoique le seigle et l'avoine prospèrent mieux dans celles-ci. Quant aux engrais, on les répand ou au printemps, avant la seconde façon qui les recouvre, ou au mois d'août avant la quatrième. Dans tous les cas pour la distribution des engrais, il faut avoir égard à la fertilité du sol. Les soins à donner au blé pendant sa croissance consistent en sarclages principalement, c'est-à-dire dans l'enlèvement des herbes parasites. Lorsque l'on craint, dans certains terrains, que le sol soulevé par les gelées occasionne le déchaussement de la plante, on fait passer sur le champ un rouleau qui raffermit la surface du terrain. Dans les sols sur la surface desquels il s'est formé, pendant l'hiver, une croûte qui s'oppose au développement de la plante, on procède à un hersage qui brise cette croûte et qui favorise ainsi l'étalement de la plante. Quant à la conservation du blé, on se contente de le répandre sur le plancher d'un grenier bien aéré, et de le remuer à la pelle pour lui donner de l'air et empêcher qu'il ne s'échauffe.

Carie. Maladie des céréales qu'il ne faut pas confondre avec le charbon, dont elle se distingue par d'autres caractères, quoiqu'elle affecte aussi les parties de la fructification. Le froment, de toutes les céréales, est le plus sujet à la carie. Le principe de cette maladie paraît être dans l'intérieur même du grain ; elle en change peu l'apparence, et n'en détruit pas la balle, mais elle ride l'écorce ; il s'arrondit et prend une teinte qui passe du blanc sale au gris obscur, et la farine est remplacée par une poussière d'un brun noir, grasse au toucher, sans saveur, mais d'une odeur infecte et ressemblant à celle du poisson pourri. Les blés cariés sont fort légers ; plongés dans l'eau, ils surnagent. On est dans l'usage pour préserver les blés de la carie de soumettre la semence au chaulage ou au vitriolage, c'est-à-dire de lui faire subir une immersion dans de l'eau de chaux ou une dissolution de vitriol (sulfate de cuivre). Cette immersion vaut mieux que de répandre l'eau de chaux ou de vitriol sur le blé. On y procède de la manière suivante : on met la semence dans un cuvier, on y verse l'eau préparée, comme il a été dit plus haut, à raison de deux kilogrammes de chaux vive par hectolitre et demi ; si on emploie le sulfate de cuivre à raison de deux kilogrammes aussi par hectolitre, on laisse la semence séjourner pendant douze à quinze heures dans ce bain. Au bout de ce temps on la retire et on la fait sécher sur le plancher du grenier.

Charbon. Maladie des grains que l'on désigne aussi dans quelques contrées sous le nom de *nielle*. Le charbon diffère de la carie en ce qu'il est sans odeur, et que sur un même pied, tous les épis sont charbonnés, tandis que toutes les graines d'un même épi ne sont pas atteintes par la carie. Les moyens en usage pour combattre cette maladie sont les mêmes que ceux qu'on emploie contre la carie. Il en est de même pour la rouille, autre maladie caractérisée par une sorte de poussière rougeâtre qui se développe sur les feuilles et les tiges de différentes plantes.

Epeautre. Cette céréale n'est pas une variété de froment comme on le croit communément, mais une espèce distincte. Cette espèce s'élève peu, tasse rarement; ses épis sont aplatis et renferment de petites semences dont la farine est peu abondante, mais d'un excellent goût ; on fait des grains de l'épeautre de bon gruau et d'excellente bière. Sa culture ne diffère pas de celle du froment et du seigle, mais on le sème de bonne heure, c'est-à-dire, du commencement de septembre jusqu'au milieu d'octobre. On le coupe quand la paille est devenue d'un beau jaune; le grain, laissé dans son enveloppe, y est à l'abri du charançon et des autres ennemis du blé.

Maïs. Plante de la famille des graminées, connue aussi sous le nom de blé de Turquie, blé d'Inde, blé d'Espagne. Il existe deux variétés de maïs : le maïs jaune ou roux et le maïs blanc ; ce dernier est le plus généralement cultivé. Il est cultivé, non-seulement à cause de ses graines qui sont une bonne nourriture pour l'homme, mais encore, comme plante fourragère, pour les animaux. On commence à semer du maïs pour fourrage au commencement de mai, et on renouvelle le semis aussi souvent qu'on le peut. On sème ou à la volée ou en lignes espacées d'un double trait de charrue ; cette méthode permet de donner un buttage qui favorise la végétation de la plante, laquelle produit autant de fourrage sans occuper autant de terrain, et elle épuise ainsi moins le sol.

La culture du maïs comme céréale exige une terre forte, argileuse ou argilo-calcaire. Le mode d'ensemencement du maïs est intimement lié à l'état d'humidité habituel de l'atmosphère. Dans les terres argileuses ou argilo-calcaires, on sème les grains de maïs isolés, à des distances variables, le plus souvent calculées sur la fertilité du sol. Mais là où les terres légères lui conviennent, on suit une autre pratique. On dépose plusieurs grains sur un même point, que l'on accompagne même souvent de grains de haricots.

Pour les façons à donner à la terre, on emploie les instruments à bras dans les sols tenaces, et les instruments de trait dans les sols légers. On doit égrener le maïs immédiatement après l'avoir recueilli, et les soins employés pour obtenir une prompte dessiccation consistent à étendre le maïs en grain sur des linges, au soleil ou à l'air libre, en ayant soin de le remuer souvent ; lorsqu'il est sec, on l'enferme dans les greniers, pour le conserver en le traitant comme le blé et les autres céréales. On fait avec la farine de maïs du pain que beaucoup de nos paysans aiment beaucoup lorsqu'ils ne peuvent en avoir fait avec la farine de blé. La farine de maïs ne contient que peu ou pas de gluten. En y mêlant le gluten du blé, on est parvenu à en faire un pain assez bon. On en fait aussi, en y mêlant du lait et du beurre, d'excellents gâteaux, de la bouillie qui, préparée de différentes manières, est un aliment fort agréable.

Mitadin. Qualité particulière de froment dont il existe trois espèces : 1º le mitadin proprement dit, qui est un mélange de deux variétés de froment, prises dans celles connues sous la dénomination générique de blé fin et de blé gros ; 2º Le mitadin gros appelé aussi grossagne blanche, qui a le grain très blanc ; c'est une variété de blé gros très productive dans les terrains qui lui conviennent ; 3º le mitadin fin, rouge ou aduri, qui a le grain allongé et d'une couleur tirant sur le rouge. Cette qualité de froment est très estimée pour la fabrication des pâtes de Gênes, telles que le vermicelle, le macaroni, etc. Son prix égale ordinairement celui des blés fins de première qualité.

Orge. Genre de plante de la famille des graminées, dont il y a plusieurs espèces, savoir : 1º L'orge carrée ou commune ; parmi les variétés de cette espèce, on place l'escourgeon d'hiver et l'escourgeon de printemps, hâtive mais peu cultivée en France ; l'orge noire, qu'on sème au printemps, mais qui ne donne, la première année, qu'une récolte de fourrage au printemps , et une récolte en grain la seconde ; l'orge céleste ou carrée nue, regardée comme plus longue et une des plus productives, et dont la paille est d'une qualité supérieure. 2° L'orge à six rangs ou grosse orge ; elle se sème également en automne et au printemps. 3° L'orge à deux rangs ou orge distique ; elle présente dans ses variétés l'orge couverte à deux rangs ou paumelle. Le poids du grain de cette orge rend son poids presque entier en farine , sa paille est cassante et difficile à battre. De toutes ces variétés, celle qui paraît la plus avantageuse à cultiver est l'orge couverte à deux rangs ; toutefois elle ne réussit pas toujours à cause du temps trop sec ou trop pluvieux qu'elle redoute également. L'orge carrée ou l'orge commune est celle qui est le plus généralement cultivée. Cette graminée aime les terres légères , humides et bien ameublies ; il est donc utile que le sol soit bien préparé par de bons labours. Le grain demande à être enterré à la même profondeur que les autres céréales; cependant, dans une terre bien meuble, il peut aussi être recouvert à la herse. On emploie pour semer deux hectolitres environ par hectare. On doit préférer pour récolter l'orge le matin pendant la rosée. Les bestiaux mangent l'orge en fourrage et en grain. En grain, elle est plus nourrissante et moins échauffante que l'avoine. Le pain qu'on fait avec la farine de l'orge n'est pas agréable à manger , mais il est nourrissant. L'orge , enfermée dans les greniers , doit être fréquemment remuée, dans les premiers mois, pour en obtenir une complète dessiccation ; car elle est disposée à s'échauffer , pour peu qu'elle conserve la moindre humidité. Il existe une autre espèce d'orge qu'on appelle orge des prés, elle croît ordinairement dans les prairies basses et humides et s'y élève jusqu'à un mètre de hauteur ; elle donne un bon fourrage quand elle est coupée en fleur, avant que ses barbes aient acquis de la force.

Panic. Le panic est une espèce de maïs ; il croît dans les mêmes climats, dans un sol semblable ; il exige les mêmes soins de culture. Sa tige et son feuillage son entièrement semblables , et il n'en diffère qu'en ce que ses semences , placées aussi en panicules lâches au sommet des tiges , ne sont pas ovoïdes comme celles du maïs , mais rondes et ordinairement plus petites. La graine de panic peut servir, non-seulement à la nourriture des oiseaux de basse-cour, mais même à celle des hommes, en la faisant entrer dans la confection du pain. Les feuilles de panic, comme celles du maïs, sont un excellent fourrage pour les bestiaux. Le

2.

panic redoute les moindres gelées; il faut le semer, lorsque le froid n'est plus à craindre, à la volée ou en ligne, en recouvrant la graine très légèrement. Il aime une terre légère, mais substantielle, bien ameublie par des labours et fortement fumée. Comme il supporte mieux la chaleur que les autres céréales, il devient une ressource précieuse pour les ensemencements tardifs, surtout comme fourrage. La végétation de la plante est lente dès le principe; mais une fois qu'elle a été binée et sarclée, quand on la cultive pour sa graine, elle s'élève jusqu'à la hauteur de deux mètres.

Phalaris. Plante de la famille des graminées. Le phalaris est cultivé dans le midi de la France, pour ses graines, qui servent à la nourriture de l'homme et à celle des bestiaux. On le sème quand les gelées sont passées, dans une terre légère; et en moins de trois mois les graines parviennent à maturité; ses tiges et ses feuilles sont recherchées par les bestiaux.

Sarrasin. Plante de la famille des polygonées, désignée aussi sous les noms de blé noir, millet noir, bouquet, bouquette, bocaille. Le sarrasin se plaît surtout dans les terres argileuses et légères; cependant, il croît aussi dans celles qui sont argileuses et fortes; il ne doit être exclu que des terres froides et humides. Sa culture est facile; un seul labour lui suffit dans les terres fortes; dans les terres légères, on peut se contenter d'un labour superficiel donné avec la herse à cheval. Comme il redoute les gelées, on ne le sème qu'au printemps. La graine doit être semée clair; on en emploie environ trois quarts d'hectolitre par hectare. Après avoir semé, on donne un bon hersage, on roule, et si la terre est humide, ou s'il vient à tomber de la pluie, en quelques jours la graine est levée. Dès ce moment, le sarrasin ne demande plus d'autres soins. Le battage doit se faire le plus promptement possible; le grain qu'on en obtient se vanne deux fois. Il est ensuite étendu dans un grenier et remué souvent à la pelle jusqu'à ce qu'il soit complètement sec et qu'il puisse être mis en sac. L'abondance des graines du sarrasin, dont on fait une farine propre à la nourriture de l'homme, et qui sont d'ailleurs fort recherchées des volailles et des bestiaux, lui donne un prix véritable. On donne la fane sèche aux bestiaux, soit seule, soit mêlée avec du foin; la fane verte augmente la quantité du lait des vaches.

Seigle. Plante de la famille des graminées, qui a l'avantage de croître dans des terres légères, où le blé ne prospérerait pas, et d'atteindre plus tôt sa mâturité. On ne doit lui consacrer que les terrains arides, sablonneux, crayeux ou argileux, manquant d'humus. La préparation à donner au sol pour la culture du seigle est la même que celle que le blé exige ; cependant, on peut lui donner moins de labours , quand le sol est sablonneux et léger. Les semailles doivent être finies à la fin de septembre ou au commencement d'octobre ; on emploie deux hectolitres environ par hectare. Le seigle lève promptement. Il ne faut pas attendre , pour faire la récolte, que les épis aient atteint leur maturité complète, car alors il s'en égrène beaucoup sur le champ. Après le froment, le seigle est le grain qui donne une meilleure farine et la plus propre à être convertie en pain. Sa paille est un bon fourrage pour les bestiaux. Quand on sème le seigle pour le donner comme nourriture verte aux bestiaux , on peut le couper deux fois, et dans les bons sols, il pousse encore, après ces deux coupes un pâturage qui n'est pas à dédaigner. La terre peut alors être retournée par un bon labour , et il n'est pas trop tard pour y semer encore des pommes de terre, des haricots, des raves , etc. Indépendamment du seigle commun, on cultive le seigle marsais, le seigle de la Saint-Jean , et le seigle multicaule. Le seigle marsais se sème au printemps, et donne sa récolte la même année ; c'est une variété du seigle d'automne ; la récolte en est presque toujours médiocre. Le seigle de la Saint-Jean se sème au mois de juin ; dans la même année , il donne une récolte de fourrage ; on le fait pâturer jusqu'à la fin de l'hiver , et l'été suivant on en récolte le grain. Le seigle multicaule est remarquable par le grand nombre de tiges qui poussent d'un même pied. On en sème les grains au mois de juin , à 25 centimètres l'un de l'autre. Il donne la première année une récolte de verdure et de pâturage, et l'année suivante une récolte de grains.

Sorgho. Plante de la famille des graminées, qui comprend plusieurs espèces , qui sont · 1° le sorgho commun ou millet d'Afrique, qui se cultive comme le maïs et demande les mêmes façons et les mêmes terrains ; 2° le sorgho d'Alep ; 3° le sorgho bicolor ou gros mil d'Afrique , dont la culture est la même. Les panicules du sorgho commun, dépouillées de leurs graines, servent à faire des balais.

CHAPITRE SIXIEME

Plantes Fourragères.

Les plantes fourragères sont celles qui sont spécialement cultivées pour la nourriture du bétail. Les familles végétales qui fournissent la plus grande partie des substances nutritives , les meilleures et les plus employées sont les graminées, les légumineuses, les crucifères, les solanées, etc. Les unes donnent leurs tiges et leurs feuilles, d'autres leurs graines, leurs racines. La liste générale des fourrages peut être ainsi établie : produit des prairies naturelles et artificielles , des pâturages , pailles des céréales , fanes des plantes industrielles et autres , débris des jardins , feuilles des arbres , racines et tubercules , grains et graines, sons et farines, fruits secs et charnus, résidus alimentaires.

Les prairies sont de deux sortes : naturelles ou permanentes , artificielles ou temporaires. La composition et le caractère des prairies naturelles varient selon la nature et la situation du terrain qui les forme. Chaque sol doit nécessairement porter, selon sa nature et ses conditions , les espèces auxquelles il est approprié. Il n'est pas moins nécessaire de ne semer ensemble que des plantes, qui forment des associations convenables en raison de l'époque de leur maturité. Si l'on veut établir une prairie spécialement destinée au pâturage, on y mêle des plantes arrivant à maturité à des époques différentes , afin que les bestiaux y trouvent une nourriture constante. Quand on veut former une prairie, il faut bien nettoyer la terre par des cultures , des façons , l'écobuage ; bien choisir la semence , semer au printemps les plantes annuelles. L'entretien des prairies consiste à les arroser, ou les dessécher selon les besoins ou la situation , à étaupiner, à répandre sur le sol des engrais liquides, de la poudrette, du plâtre, des cendres, à la fertiliser par l'opération du colmatage, enfin à extirper autant que possible les mauvaises herbes. Les prairies artificielles ou temporaires se distinguent, d'après leur durée en annuelles, bisannuelles, vivaces, et, d'après les plantes qui les forment essentiellement, en luzernières, tréflières, etc. Elles offrent l'avantage de donner beaucoup de produit, de permettre au cultivateur de supprimer, en partie du moins, la jachère et de diminuer relativement le travail des labours. Enfin, les prairies artificielles défrichées donnent diverses récoltes successives toujours abondantes.

La fenaison, qui consiste à dessécher les produits des prairies naturelles et artificielles, se fait au moment de la floraison des plantes. Selon le mode de fanage, on obtient du foin vert ou du foin brun. Le premier, complètement desséché, conserve une belle couleur verte, une odeur agréable; le second exhale une odeur forte, piquante et prend une couleur brunâtre. Il faut éviter, pendant le fanage, d'exposer les foins à des alternatives de pluie et de soleil. Les andains qui ont été fauchés de la veille ou de l'avant-veille, doivent être retournés tous les matins, jusqu'à leur complète dessiccation. Les tas ouverts chaque jour, fanés et remués, réformés tous les soirs, le fourrage acquiert bientôt un degré de dessiccation convenable. Pour faire du foin brun, on dispose des tas de 3 à 4 mètres de diamètre élevés autant que possible et bien foulés dans toutes leurs parties. En peu d'heures, la fermentation s'y établit et augmente rapidement. Dès-lors il ne faut pas cesser de surveiller l'état de la meule, et quand la fermentation est parvenue au point que la chaleur ne permet plus de tenir la main dans le tas et qu'il s'en échappe de la vapeur quand on y fait une ouverture, on défait promptement la meule et l'on étend le foin à l'entour. Quelques heures de soleil ou de vent suffisent alors pour dessécher complètement le fourrage qui a subi ce degré de fermentation. On en forme des meules provisoires ou permanentes : les provisoires se font dans les champs, de forme coniques plus hautes que larges; les permanentes se font près des habitations par couches régulières, tassées et dirigées de dedans en dehors et de haut en bas, de telle sorte que l'air ne pénètre pas au sein de la masse, et que la pluie glisse à la surface sans atteindre les couches inférieures. Les fourrages mal desséchés, conservés dans des lieux humides, ceux qui ont été pénétrés profondément par la pluie après avoir été tassés, sont susceptibles de se moisir. Les fourrages moisis sont généralement dédaignés des bestiaux et sont très nuisibles à leur santé ; il est bon alors de les convertir en fumiers. — Voir pour les diverses espèces de fourrages les articles ci-après.

Canche. Plante dont deux espèces peuvent servir à la nourriture des bestiaux : la canche aquatique qui vient au bord des étangs et dans les marais, et la canche flexueuse qui croît dans les lieux sablonneux ; cette dernière pourrait servir à former des prairies artificielles dans les sols arides.

Caragan. Plante dont les feuilles sont une bonne nourriture pour les bestiaux, surtout pour les moutons ; les semences peuvent être données aux volailles, et les racines aux cochons. Il se multiplie de graines semées au printempe dans un sol convenablement préparé. On le coupe au milieu de l'été. Cultivé pour ses graines, on les arrache à la main ou bien on le bat avec un bâton pour les faire tomber. On peut encore battre au fléau après avoir coupé les tiges qu'on réserve pour le chauffage.

Fétuque. Plante de la famille des graminées, qui présente plusieurs espèces : 1° la fétuque ovine, à épis disposés en panicule unilatérale et ramassés en tête, croît dans les lieux les plus arides des montagnes, et se plaît dans les sols sablonneux ; semée dans les bons terrains, elle pousse avec vigueur et peut former un bon pâturage, dont les moutons sont très avides, et qui dure plusieurs années. On pourrait, dans ce but, la semer avec l'avoine et d'autres céréales ; 2° la fétuque élevée et la fétuque des prés s'élèvent à 80 centimètres environ ; elles donnent un excellent fourrage, et pourraient être cultivées avec avantage ; 3° la fétuque flottante est très recherchée des bestiaux et surtout des chevaux ; elle a l'avantage de croître dans les lieux où ne pousse aucune autre plante et d'y donner une récolte abondante. Ses semences sont une bonne nourriture pour la volaille et même pour l'homme.

Fléole. Plante de la famille des graminées, dont il existe deux espèces : la fléole des prés, et la fléole noueuse, qui sont précieuses comme fourrages. La fléole des prés, vulgairement appelée queue de chat, est vivace et s'élève à un mètre de hauteur ; elle aime les terrains humides et les bas-fonds, les terres bourbeuses et marécageuses. Le fourrage qu'elle y donne est excellent et recherché par tous les herbivores. La fléole noueuse croît aussi dans les terrains humides ; ses tiges couchées se marcottent par leurs nœuds et couvrent ainsi le sol de couches épaisses. Elle peut être cultivée en prairie artificielle, et donner jusqu'à trois coupes par an. La graine se sème en septembre et octobre ou en mars ou avril ; il en faut 7 à 8 kilogr. par hectare.

Flouve. Plante vivace de la famille des graminées. Tous les bestiaux en sont friands, et la plupart des terrains lui conviennent ; elle peut donc être cultivée avec avantage ; elle fournit aussi un bon fourrage, et dans les terrains frais et humides , elle peut donner jusqu'à trois coupes par an. La flouve, mêlée à d'autres plantes fourragères, leur communique l'odeur agréable que toutes ses parties exhalent , et sous ce rapport , sa culture a l'avantage de produire un fourrage, non-seulement fort du goût des bestiaux, mais qui contribue à leur engraissement.

Fromental. Espèce du genre avoine, qui fournit un excellent fourrage. Il est vivace , et s'élève très haut. C'est un des fourrages les plus recherchés des bestiaux ; et semé seul , il forme des prairies artificielles qui donnent jusqu'à trois coupes par an. On le sème au printemps avec de l'avoine ou de l'orge, après de bons labours. Pendant la première année , il faut le défendre de l'approche des animaux ; la seconde année commence à donner des produits ; mais ce n'est que la troisième année qu'il est en plein rapport. Il aime un terrain qui ne soit ni trop sec ni trop humide.

Garance. Genre de plante à racines vivaces et à tiges annuelles, dont il existe un grand nombre d'espèces ; la plus connue est la garance cultivée ; elle aime une terre à-la-fois légère et substantielle, et préfère celle qui se charge facilement d'eau, mais où toutefois l'humidité ne séjourne pas. Bien que généralement on fume médiocrement pour la garance, des engrais abondants sont cependant utiles à sa prospérité. Un défoncement d'un demi mètre de profondeur fait pendant l'hiver, de bons labours, de nombreux hersages, des sarclages, tels sont les travaux qu'exige la culture de cette plante. Quand la tige est en fleur, mais seulement la seconde année, on a le choix de la faucher pour fourrage , ou de la laisser venir en graine afin de récolter la semence. C'est la troisième année que se fait la récolte des racines. On commence par faucher la tige, puis , au mois d'août ou de septembre, mais lorsque la pluie a assez pénétré le sol pour le rendre plus facile à creuser, on commence l'arrachage ; on transporte les racines sur l'aire, où on les fait sécher, et on les dépose ensuite dans un lieu sec. La culture de la garance ameublit profondément le sol et le met dans un grand état de netteté, mais elle est très épuisante On sème la graine à raison d'un demi hectolitre environ par hectare. Les matières colorantes que renferme la garance sont solides. On les emploie à teindre en rouge-garance la laine, le coton et la soie.

Gerbée. On appelle gerbée le fourrage composé des fanes des céréales et des légumineuses récoltées un peu avant la maturité des fruits et desséchées. Ce fourrage est très-nourrissant ; il convient aux animaux qui travaillent beaucoup, pour les bœufs à l'engrais, les poulains, etc.; peut-être même constitue-t-il, dans certans cas. une nourriture trop riche, et doit-on le donner en proportion faible ou le mêler avec d'autres produits. Cette précaution est nécessaire quand les grains sont abondants , quand les gerbées sont composées de légumineuses, de froment; lorsqu'elles sont enfin distribuées à de jeunes animaux.

Gesse. Plante annuelle de la famille des légumineuses , ayant beaucoup d'analogie avec les vesces. Elle se cultive pour fourrage ou pour ses graines. On sème sa graine dans les terrains frais et humides , à raison de deux hectolitres environ par hectare ; on doit passer la herse le même jour qu'on l'a semée. Tous les bestiaux la mangent avec avidité, surtout les moutons; elle les tient bien en chair et les engraisse; on leur donne la graine bouillie ou réduite en farine, et elle est pour eux et surtout pour les cochons une excellente nourriture.

Houlque. Plante de la famille des graminées , dont deux espèces sont cultivées comme fourrage. Elles entrent avec avantage dans la composition des prairies en terrains secs et sablonneux. La houlque molle se trouve dans presque tous les prés. Elle a les racines vivaces, ses tiges s'élèvent à 50 ou 60 centimètres ; ses feuilles sont velues et ses fleurs en panicules. Elle est recherchée des bestiaux. La houlque laineuse a aussi ses racines vivaces ; sa tige s'élève un peu moins ; elle est surtout recherchée des moutons ; sa précocité leur fournit au printemps une nourriture abondante. On peut la cultiver en prairies artificielles seule ou mélangée ; elle peut servir utilement à remplir les places vides des sainfoins et des luzernes qui commencent à se détériorer.

Ivraie. Plante de la famille des graminées , dont deux espèces sont cultivées comme fourrage; ce sont · l'ivraie vivace, et l'ivraie d'Italie. La première croît partout, excepté dans les marais et les terrains très arides ; elle pousse de bonne heure au printemps, et fournit un pâturage fort goûté des bestiaux et surtout des moutons et des chevaux. Récoltée comme fourrage, l'ivraie vivace est dure; elle demande à être fauchée de bonne heure. Employée dans la composition des prairies , elle garnit bien le terrain et dure longtemps. On sème l'ivraie vivace à la fin de l'été , dans les lieux secs, et au printemps, dans ceux qui sont frais. L'ivraie d'Italie ressemble à l'ivraie vivace par ses épis, mais elle en diffère sous d'autres rapports; ses feuilles sont plus larges, d'un vert plus blanc, et ses tiges plus élevées; elle est surtout remarquable par sa disposition à remonter après la coupe; en sorte que dans un terrain frais en même temps que riche en humus, on l'a vue donner dans l'année jusqu'à trois fortes coupes.

Laitron. Plante de la famille des chicoracées, qui croît abondamment dans les jardins et les champs cultivés. Tous les bestiaux la recherchent avidement, et c'est pour eux une bonne nourriture. Le lait qu'elle procure est d'une bonne qualité. Elle est vivace, et se plaît dans les sols argileux.

Lupuline. Plante bisannuelle de la famille des légumineuses, espèce de luzerne vulgairement appelée trèfle jaune, trèfle noir et luzerne houblonnée. Elle donne un bon fourrage et un pâturage excellent pour les bestiaux, notamment pour les moutons; elle a surtout l'avantage de ne par météoriser les animaux, comme font le trèfle et la luzerne. La lupuline vient très bien dans les sols secs; elle redoute l'excès d'humidité, mais elle se plaît néanmoins dans les terrains frais, substantiels et profonds. On la sème au printemps, seule ou mêlée avec de l'orge ou de l'avoine, et on la récolte l'année suivante. Le meilleur moyen d'en tirer parti, c'est de la faire pâturer, même dès la première année. Il faut 20 kilogrammes de graine par hectare; on la sème et on la couvre comme les autres plantes fourragères.

Luzerne. Plante de la famille des légumineuses, qui sert généralement à former des prairies artificielles fécondes en produits. La luzerne demande un terrain léger et substantiel, ni trop sec, ni trop humide, et une couche végétale profonde. Plus la couche végétale est profonde, plus la luzernière a de durée. Elle prolongera son existence pendant vingt ans dans un bon sol, et dépérira au bout de trois ou quatre ans dans un terrain sans profondeur. Pour semer de la luzerne, il faut préparer le terrain par de profonds labours, et lui donner des engrais généreux. Les labours ne sauraient jamais être trop profonds. Les engrais consommés sont les meilleurs, parce qu'ils ne renferment pas de semences qui croissent avec la luzerne. Le fumier nouveau brûle la semence de la luzerne, lorsqu'on la confie au sol avant que la chaleur de cet engrais ait été amortie. La terre étant ainsi bien préparée, on sème la luzerne au printemps lorsque les gelées ne sont plus à craindre. Généralement on emploie de 20 à 25 kilogr. de graines par hectare. On sème ordinairement avec de l'avoine ou de l'orge, qui abritent le jeune plant dans sa jeunesse. Pour cela, on commence par semer la céréale, et l'on enterre la graine par un hersage, et puis on sème la luzerne qu'on enterre à son tour par un dernier coup de herse, donné avec une herse légère armée de rameaux d'épines. La luzerne étant levée, elle ne demande plus d'autres soins ; il est bon cependant de la débarrasser, par un sarclage superficiel, des plantes parasites qui pourraient nuire à sa végétation. L'avoine ou l'orge, semées avec la luzerne, se coupent à l'époque ordinaire ; mais si l'on veut ménager le jeune plant de luzerne, il faut avoir soin de couper la céréale un peu haut, afin que la faux touche le moins possible à la luzerne, et que les tiges en soient seulement étêtées ; dès l'année suivante on peut faire deux récoltes de fourrage ; les années postérieures on en fait trois, et dans un sol favorable jusqu'à quatre et cinq. Le moment à choisir pour la faucher est celui où elle commence à entrer en fleurs ; autant que possible, on la coupe après la pluie, afin que la terre, encore humide, donne une végétation plus active aux nouveaux jets qui vont naître. La luzernière une fois établie, demande peu de soins de culture ; quand le sol commence à s'empoisonner de mauvaises herbes, on lui donne avec avantage, au commencement de l'hiver, un profond hersage avec la herse de fer. L'année où l'on veut récolter la graine de la luzerne, il est bon de ne pas la faucher en première coupe ; cette récolte ne doit se faire que sur des luzernes de quatre à cinq ans. Un défrichement de luzerne peut être suivi de plusieurs récoltes successives abondantes. Aucun fourrage ne peut être comparé à la luzerne pour la qualité ; aucun n'entretient aussi bien les animaux en état de graisse, et ne contribue autant à augmenter la quantité du lait des vaches ou des brebis. Elle n'a qu'un seul inconvénient, c'est d'échauffer quelquefois les animaux, lorsqu'on la donne en trop grande quantité et sans mélange d'autres aliments, et de causer lorsqu'elle est mangée verte et avec avidité, des météorisations souvent funestes. Aussi, il ne faut pas laisser, au printemps surtout, les bestiaux paître dans les luzernières sans les plus grandes précautions, et de même, il est prudent, lorsqu'on la leur donne à manger au ratelier, de ne la leur offrir que lorsqu'elle a perdu la surabondance de son eau de végétation, c'est-à-dire après vingt-quatre heures environ.

Mélilot. Plante de la famille des légumineuses, qui renferme plusieurs espèces. Le mélilot commun est une espèce très voisine du genre des trèfles ; il est annuel ou bisannuel. Tous les bestiaux, surtout les chevaux et les moutons, l'aiment beaucoup, surtout avant sa floraison ; lorsqu'il est sec il donne très bon goût au fourrage. On le cultive pour le donner en vert aux animaux ou pour le mélanger avec d'autres fourrages. Il vient facilement dans tous les terrains, excepté dans ceux qui sont humides. Le mélilot blanc est un des meilleurs fourrages. Ses fleurs sont constamment blanches et sa tige s'élève jusqu'à deux mètres de hauteur dans les terrains frais. Tous les bestiaux l'aiment tant en vert qu'en sec. Ses graines, qui sont très abondantes, sont du goût des volailles et des cochons. Les tiges qui ont été conservées pour graines, sont propres à augmenter la masse des fumiers. Enfin, on peut le cultiver comme amendement des terres, pour être enfoui en vert, et, comme le trèfle, il peut être intercallé dans un assolement, étant bisannuel. On le sème à raison de 12 à 15 kilogrammes par hectare. Le mélilot bleu est aussi très utile comme plante fourragère, surtout dans les sols peu fertiles.

Navet. Plante de la famille des crucifères, espèce de chou. Le navet diffère du chou proprement dit, par des tiges plus minces et des feuilles découpées en quelques points jusqu'à la nervure centrale. On sème cette plante à la volée, à la dose de cinq à six kilog. par hectare, sur jachère, entre deux récoltes plus ou moins épuisantes, avec une bonne fumure, en récolte dérobée et comme culture sarclée. On doit prendre dans la récolte des navets et sa conservation, les soins qu'exigent les racines charnues. C'est une nourriture qui convient aux bestiaux, surtout aux ruminants. Il ne faut la donner qu'à dose modérée, surtout aux vaches laitières ; car elle provoque le relâchement des organes digestifs et communique au lait un peu d'âcreté. Le navet est aussi cultivé comme fourrage vert ou engrais végétal. Lorsque le champ est couvert de verdure, on y mène paître les bestiaux, ou on donne un labour pour enterrer la plante.

Orobe. Plante de la famille des légumineuses, dont il existe deux espèces. L'orobe printanier est très recherché des bestiaux et surtout des chevaux. Il peut donner des récoltes aussi abondantes que le trèfle. Il a de plus l'avantage de pouvoir rester quatre ou cinq ans dans la même terre, et pourrait ainsi devenir pour l'agriculture une nouvelle source de richesses, car son fourrage est aussi précieux que tout autre. L'orobe tubéreux est remarquable par ses racines vivaces et pourvues de tubercules. Il croît dans les prés, les pâturages et les terrains argileux. Les bestiaux mangent ses feuilles, et les cochons se nourrissent avidement de ses tubercules qui peuvent même servir à la nourriture de l'homme, car ils sont très bons cuits dans de l'eau. Chaque pied en fournit sept ou huit.

Paille. Tiges desséchées des plantes herbacées , fourragères, cultivées pour leurs grains. Les pailles servent à la nourriture des bestiaux ;
elles sont aussi employées pour leur faire de la litière , et deviennent
ainsi la matière première des fumiers. Toutefois , on ne doit jamais la
faire servir de litière qu'autant qu'elle a été fourragée par les bestiaux qui
ne mangent que les parties les plus tendres. Les pailles qui contiennent
le plus de matières nutritives sont celles de millet, maïs, lentilles, vesces,
pois, orge, seigle, froment, avoine, sarrasin. Il est un moyen de donner
à toutes les pailles un goût plus savoureux , et de les faire recnercher
plus avidement par les bestiaux; c'est de les étendre par couches alternatives , avec des fourrages verts , fraîchement récoltés et qu'on laisse
dessécher imparfaitement ; ces fourrages, ainsi mêlés avec de la paille ,
lui communiquent leur saveur et leur goût , et l'on peut, avec avantage,
employer à cet usage des regains de moindre valeur, que la saison tardive
aurait empêché de sécher convenablement. On a remarqué que la paille
hachée menu à l'aide de l'instrument appelé hache-paille, est plus facilement digérée, qu'elle peut nourrir davantage, bien qu'en moindre quantité , et que d'ailleurs, elle peut, en cet état, être avantageusement mêlée
avec des grains , du son, des racines , ce qui la rend plus appétissante
et fait qu'aucune partie n'est perdue.

Panais. Plante de la famille des ombellifères, dont une espèce sert
de nourriture aux bestiaux. Le panais aime les sols gras et humides ; il
résiste bien au froid ; aussi le sème-t-on indifféremment en automne ou
au printemps , à la dose de 10 à 12 kilog. par hectare. La culture du
panais est la même que celle de la carotte ; seulement il demande à
être plus espacé à cause de la grandeur de ses tiges. On distingue deux
variétés dans l'espèce : l'une à racine oblongue, l'autre à racine ronde.
La précocité et le développement de ses rameaux le rendent nuisible
aux prairies, dans lesquelles il croît spontanément.

Pastel. Plante de la famille des crucifères, cultivée comme plante
tinctoriale et fourragère. Elle demande un sol substantiel et profond, une
terre fertile et bien préparée. C'est à la fin de l'hiver, ou de bonne heure
au commencement du printemps, que l'on ensemence la graine de pastel.
Quand la plante est levée et qu'elle a acquis une certaine force, on l'éclaircit en retranchant les pieds trop faibles ou trop rapprochés. On donne un

binage, et, au mois de juin, lorsque les feuilles commencent à jaunir et se penchent, on fait la récolte. On coupe à la faux, puis on laisse croître une seconde, une troisième et jusqu'à une quatrième récolte de feuilles. Comme plante fourragère, le pastel offre pour les bestiaux une nourriture verte abondante. Cultivé dans ce but, le pastel se contente d'un sol médiocre. On le sème épais, et ses racines fournissent des feuilles à mesure que la faux tranche les anciennes et tant qu'on ne laisse pas monter les tiges en graines. Le pastel peut ainsi rester en terre cinq ou six ans. Quand on veut récolter de la graine, il est bon de ne pas récolter de feuilles. La sécheresse nuit beaucoup à cette plante. Le pastel enfoui en vert est considéré comme un bon engrais.

Paturin. Plante de la famille des graminées, dont il existe plusieurs espèces. Le paturin commun a des racines vivaces, et sa tige s'élève jusqu'à 70 centimètres. Il croît dans les terrains gras et humides. Les bestiaux le recherchent avidement. Les cultivateurs doivent avoir soin de multiplier cette plante utile. Le paturin à feuilles étroites fournit moins de feuilles et croît dans les prés secs. Le paturin aquatique croît dans les eaux peu profondes et pures, sur le bord des étangs et des rivières. Jeune, il est fort recherché des bestiaux, mais il est dédaigné dès que sa fleur est desséchée. Dans les lieux qui lui conviennent il croît en si grande abondance qu'on pourrait le cultiver pour en obtenir une litière excellente; il peut d'ailleurs être coupé deux fois pour fourrage vert, au printemps et à la fin de l'été ; il peut ainsi utiliser les lieux bas sujets aux inondations et où l'eau séjourne pendant quelque temps.

Peucedan. Plante de la famille des ombellifères, qui croît dans les prairies. Elle fournit un fourrage assez bon et abondant, et donne jusqu'à deux coupes par année. Semée au printemps, elle est un mois ou cinq semaines à lever.

Pimprenelle.. Plante de la famille des rosacées, introduite dans la grande culture comme plante fourragère pour l'alimentation des bestiaux et surtout des moutons. Cette plante a le privilège de végéter dans les lieux arides, et de fertiliser les terrains où d'autres plantes fourragères ne pourraient réussir. Elle se sème en automne ou au printemps à raison de 30 à 40 kilogrammes de graine par hectare, pour être consommée en vert à l'étable ou sur place. La pimprenelle est surtout du goût des lapins.

Pois-chiche. Plante de la famille des légumineuses , dont le fruit est assez semblable aux pois et d'une couleur jaune-rougeâtre foncé. On le cultive comme plante fourragère; il ne craint pas le froid, et peut supporter de très fortes gelées ; on le sème dès le mois de septembre ou d'octobre , et dans certains cas, au mois de mars , à la volée , seul ou mêlé avec d'autres graminées, à la dose de deux hectolitres par hectare. Toute espèce de terre convient à la culture des pois-chiches ; mais ils réussissent mieux dans un sol sablonneux et léger. Le fumier leur est nuisible pour la formation du grain, mais on le remplace par du terreau bien consommé. Si le plant ne s'est pas trop élevé pendant l'hiver, on le fait pâturer par les moutons dans le cours de cette saison; il n'en pousse que plus de tiges au printemps, et il donne un fourrage plus abondant et meilleure récolte de graine. Au printemps, on en fauche les tiges plusieurs fois et on les donne à manger en vert aux vaches et aux moutons, qui en sont très friands. Le pois-chiche peut, avec avantage , être enterré comme engrais végétal ; il est très épuisant pour le sol lorsqu'on le laisse venir à graine, et on ne peut, qu'après un long intervalle, le ramener sur le champ qui en a déjà produit.

Poligale. Plante connue sous le nom de laitier ou herbe-à-lait. Elle donne beaucoup de lait aux femelles qui en mangent. Les vaches et les chevaux l'aiment beaucoup. On en forme des prairies artificielles dans les terrains secs et arides, où d'autres plants ne pourraient croître.

Raifort. Plante de la famille des crucifères, dont il existe plusieurs espèces. Le raifort des champs, qui n'est pas le même que le raifort sauvage, est cultivé pour la nourriture des bestiaux. On le sème en juillet et août ; il aime les terres légères.

Rutabaga. Espèce de navet d'un goût plus sucré que les autres , résistant mieux au froid , et se conservant hors de terre d'une année à l'autre. Les bestiaux sont très friands , non-seulement de ses racines , mais encore de ses feuilles. Le rutabaga se contente des plus mauvais terrains, et même de ceux qui ont déjà porté une récolte. On le sème à la volée , à la dose de 5 à 6 kilogrammes par hectare , sur jachère , entre deux cultures plus ou moins épuisantes , avec une bonne fumure , en récolte dérobée et comme culture sarclée.

Sainfoin. Plante de la famille des légumineuses , à racine vivace, pivotante , pénétrant profondément dans le sol. Le sainfoin ne craint pas les ardeurs des étés ; il se plaît et s'acclimate dans les terrains montagneux , dans les terres sablonneuses , dans les sols les plus secs et les plus pierreux, surtout s'ils sont calcaires. De bons labours doivent préceder la semaille du sainfoin, afin que les racines pénètrent mieux dans un sol plus ameubli ; les fumiers , quand on peut en répandre, sont apportés avant le dernier labour. C'est au printemps ou à l'automne qu'on l'ensemence ; mais on doit préférer le printemps , parce que la plante encore jeune est sensible au froid de l'hiver. La quantité de semence à employer varie de 3 à 4 hectolitres par hectare. On en met moins dans les bons sols ou lorsque la graine est fine ; il faut toujours compter sur les ravages que feront les oiseaux ou les mulots, fort avides de cette graine. Si l'ensemencement a lieu en automne, on peut semer avec le sainfoin du seigle ou du blé ; s'il a lieu au printemps , on sème en même temps de l'avoine ou de l'orge. Il est prudent, la première année, de ne faire ni pâturer ni faucher les jeunes pousses de sainfoin. Ce n'est donc que la seconde année qu'on entre en pleine récolte. La fauchaison se fait quand la fleur commence à se montrer : plus tard on obtiendrait un foin trop dur. On peut faire plusieurs coupes par année. Le sainfoin peut durer dix ans; mais le plus souvent, au bout de sept ou huit ans on retourne le champ et on le trouve alors singulièrement amélioré. Dans cet intervalle de temps, on peut en obtenir des produits plus abondants en répandant sur le sainfoin des amendements divers. Les cendres et la suie, le plâtre, produisent d'admirables effets. Il est encore fort utile de herser les vieux sainfoins une ou deux fois dans le cours de l'hiver avec la herse à dents de fer. On ne doit récolter la graine de sainfoin que tous les deux ou trois ans. On fauche le matin ; on bat au bout de huit jours. La graine laissée dans sa gousse , conserve sa faculté germinatrice pendant deux ou trois ans Soit frais , soit sec , le sainfoin est pour les bestiaux une bonne nourriture ; il est plus nourrissant et plus substantiel que le trèfle et la luzerne ; il leur en faut moins pour les tenir en bon état. Il n'est pas de fourrage que les moutons préfèrent ; le lait des vaches en est plus abondant et d'un meilleur goût ; ses graines sont recherchées avec avidité par les poules, les pigeons et les autres volailles , qu'elles excitent à pondre.

Le sainfoin, qu'on appelle aussi esparcette , est cultivé dans les terres sèches, chaudes, exposées au midi, et surtout dans les terrains assis sur une couche de marne ou de tuf, qu'on appelle caussonels,, mais il réussit peu dans les boulbènes. On sème l'esparcette au printemps', à la fin de février ou au commencement de mars. Si l'on veut braver l'inconvénient des gelées, on sème l'esparcette avec le maïs. Dans ce cas, on fait travailler le champ avec la houe, de manière à aplanir le terrain. On jette la graine à la volée, et quand on recueille le maïs, on le fait couper aussi ras que possible, et l'on trace quelques raies pour l'écoulement des eaux. Dans les terres médiocres qu'on veut amender , on sème l'esparcette avec l'avoine. Enfin , 10 kilogr. de graine de trèfle mêlée avec 2 hectolitres environ de graine d'esparcette, donnent un excellent fourrage.

Scabieuse. Plante herbacée, vivace, dont il existe de nombreuses espèces. La scabieuse des champs ou des prés a des fleurs d'un bleu rougeâtre ou d'un pourpre pâle ; elle croît abondamment dans les champs , les prés , les friches. On la cultive comme fourrage Tous les bestiaux et surtout les moutons l'aiment beaucoup. Il lui faut une terre légère et en même temps substantielle et fraîche ; elle dure plusieurs années , et donne plusieurs coupes la seconde année de sa croissance et les années suivantes. Elle se reproduit de ses graines. On la sème à la volée , à la dose de 40 à 60 kilog. par hectare.

Spergule. Plante de la famille des caryophilées , dont une espèce est cultivée comme fourrage. Consommée en vert par les bestiaux , la spergule est une bonne alimentation pour eux ; les vaches l'aiment beaucoup : elle augmente la qualité et la quantité de leur lait. Cette plante croît rapidement dans les sols sablonneux et légers : en six semaines elle parvient à sa maturité. On peut la semer à la volée , à la dose de 30 à 40 kilog. par hectare , à la fin de mars ou au mois d'avril, ou sur le chaume des céréales , après qu'elles ont été récoltées. L'avantage de la spergule est de produire une bonne récolte intercalaire de fourrage vert , sans nuire aux récoltes ordinaires.

Stellaire. Plante herbacée qui fournit un bon fourrage que les bestiaux mangent volontiers. Elle est précoce dans les terrains frais et légers ; il suffit pour la propager de semer ses graines à la volée , à la dose de 20 à 30 kilog. par hectare , avant les pluies d'automne. Elle donne un bon fourrage vert et plusieurs coupes successives.

Trèfle. Plante de la famille des légumineuses, dont il existe plusieurs espèces; deux espèces seulement sont cultivées en grand : 1º le trèfle commun ou grand trèfle rouge; 2º le trefle incarnat, appelé vulgairement farouch. Le trèfle commun vient dans presque tous les terrains, mais il préfère les terres fraîches, argileuses ou marneuses. Il redoute également un excès de sécheresse ou d'humidité, et donne surtout d'abondants produits dans les terrains fertiles, ameublis et profonds. Le trèfle se sème ou en automne, sur le blé, l'avoine ou l'orge, ou bien encore à la fin de février ou au commencement de mars, en choisissant un temps pluvieux. La quantité de semence, pour un hectare, est comprise entre 10 et 25 kilog., selon la fertilité et la préparation du sol, le choix de la graine qu'on sème épurée, à la volée, mêlée avec du sable, ou en silique, en la répandant avec soin de la manière la plus égale possible. Le trèfle n'occupe ordinairement la terre que deux ans pendant lesquels il ne peut donner que deux coupes par an. On réserve la seconde coupe pour graine. Un hectare peut donner 1,000 kilog de semence bien nettoyée. On fait succéder l'avoine ou l'orge au trèfle et on ne sème du blé que la seconde année. Le trèfle, consommé en vert, offre l'inconvénient de causer, chez les ruminants surtout, la tympanite. Du reste, c'est un bon fourrage, mais cependant inférieur à la luzerne et au sainfoin.

Le trèfle incarnat ou farouch, est une plante annuelle, précoce, produisant beaucoup et se plaisant dans les sols légers. On sème le trèfle incarnat en juillet, et souvent on le répand parmi le maïs après que cette céréale a reçu tous les labours convenables. On peut le semer aussi en petite quantité en automne, avec une céréale. La graine venant à maturité au mois de mai, avant que la céréale puisse être coupée, cette graine se détache de la silique, tombe dans le champ qui se trouve ainsi ensemencé pour l'année suivante. Le trèfle incarnat ou foin rouge est très goûté des bestiaux, et il est surtout fort bon consommé en vert ; il n'a point, comme le trèfle commun, l'inconvénient de provoquer la tympanite. Comme fourrage sec il est inférieur au trèfle commun ; cependant dans cet état il est assez du goût des bestiaux.

Vesce. Plante de la famille des légumineuses, dont il existe plusieurs espèces. Celle qui est le plus particulièrement cultivée donne un excellent fourrage ; elle est annuelle ou bisannuelle et forme deux variétés, l'une de printemps, annuelle, précoce, d'une croissance rapide, aimant les sols frais et un peu forts, peu épuisante, et pouvant suivre en récolte secondaire le colza ; l'autre d'hiver, plus rustique, précoce, productive et craignant l'excès d'humidité. Cette variété se sème en automne à la dose de 2 à 2 hectolitres 1/2 par hectare, seule ou mélangée avec de l'avoine. Vert ou sec, ce fourrage est excellent pour les herbivores ; mais il doit être donné avec précaution parce qu'il est échauffant.

Vulpin. Plante de la famille des graminées , dont plusieurs espèces fournissent comme fourrage, une excellente nourriture pour les bestiaux. Le vulpin croît dans les terrains légers et humides. Tous les bestiaux et surtout les chevaux le recherchent avec avidité vert ou sec.

Les divers fourrages peuvent remplacer le bon foin dans les proportions suivantes. Il faut pour remplacer 10 kilog. de foin de prairie naturelle : *fourrage vert* : d'ajonc écrasé, 15 kilog. ; gesse, 25; maïs , 27; vesces, 37 : pois, 38; trèfle commun, 42 ; sarrasin , 42 ; seigle , 43; froment, 43; avoine, 35; orge, 35; sainfoin, 36; herbes des prés, 45; luzerne, 45. *Foin:* trèfle, 9 kilog. ; luzerne, 9; sainfoin, 9; spergule, 9; millet, 10; farouch, 10. *Paille* : trèfle, 12 kilog.; féverolles, 22; lentilles, 12; vesces, 15; pois, 15; millet, 15 ; maïs, 20 ; avoine , 22 ; orge, 25 ; froment, 20 ; seigle, 35; sarrasin, 60. *Fanes et feuilles sèches* : colza, 47; rutabaga, 50; betteraves, 60; choux, 65; pommes de terre, 70. *Feuilles vertes* : frêne, 15 kilog.; érable, 11; orme, 11; acacia, 11; peuplier, 12; tilleul , 12. *Racines et tubercules* : pommes de terre, 22 kilog.; rutabaga, 24; carottes, 26; topinambours, 25; navets, 42; panais, 35; choux-raves , 25; betteraves , 25 ; raves, 50. *Grains et graines* : froment, 4 kilog.; lentilles, 4; fèves, 4; pois, 4; vesces, 4; maïs, 4-5; seigle, 4-5; orge; 5; sarrasin, 5; avoine, 6. *Fruits secs et charnus* : châtaignes sèches, 6 kilog.; glands secs, 7; marrons d'Inde secs, 7; courges, 7. *Résidus* , *tourteaux* : lin, 5 kilog.; colza, 5; pavot, 8 ; chenevis, 11 ; cameline , 11; amidonneries, 15; sucreries, 27, balles des céréales, 12; féculeries, 26; distilleries de grain, 33; de raisin, 30; de pommes de terre, 60, de fruits, 35; cosses de crucifère, 30.

CHAPITRE SEPTIEME.

Plantes Oléagineuses.

Les plantes oléagineuses qui sont le plus généralement cultivées sont : l'arachide, la cameline, le carvi, le chanvre, le colza, le lin, la navette, le noyer, l'olivier, le pavot. Les huiles qu'on tire des végétaux servent à des usages nombreux ; on les emploie pour aliment, pour médicament, pour éclairer, pour peindre ; on en fabrique le savon, des onguents, etc. (V. les articles ci-après.)

Arachide. Plante de la famille des légumineuses. Son fruit ou plutôt sa graine, de la grosseur du petit doigt, a la saveur de l'amande avec un arrière-goût de haricot sec assez peu agréable, mais il donne une huile abondante, de bonne qualité pour les usages de la table, et qui, sous quelques rapports, paraît supérieure à celle de l'olive. L'arachide demande un sol léger, chaud, humide et une exposition méridionale. Pour le semer, on prépare la terre en sillons parallèles, et sur les sommets on plante les graines à quelques centimètres d'intervalle les unes des autres.

La maturité de la graine est indiquée par la dessiccation des tiges ; elle se récolte comme les pommes de terre. L'arachide donne en huile excellente la moitié du poids de sa graine, et sa culture offre de grands avantages.

Cameline. Plante annuelle, dont la végétation s'accomplit en moins de quatre mois dans une terre légère ; elle n'exige qu'un labour et quelques hersages et se sème au printemps et jusqu'en juin, à la distance de 25 ou 30 centimètres. Quand le plant est levé, il faut l'éclaircir dans les parties où il est trop épais. S'il pleut dans le premier mois où la cameline a été semée, elle pousse avec vigueur et peut braver la chaleur la plus intense. La maturité de la graine s'annonce par la teinte jaune que prennent les capsules. C'est ordinairement vers le mois d'août, si la semaille a eu lieu au mois d'avril. On récolte la graine sur des toiles, en ayant soin de ne procéder à cette opération que lorsque la dessiccation de la graine est complète. Enfermée dans un grenier sec et aéré , elle doit être remuée souvent jusqu'à ce que la dessiccation de la graine soit complète et pour empêcher qu'elle ne se moisisse.

Carvi. Plante bisannuelle, qui demande une bonne terre bien amendée et bien préparée. On sème la graine de bonne heure, au printemps, à la distance de 25 à 30 centimètres ; on sarcle le plant quand la graine a levé, on l'éclaircit, et si l'on veut une bonne récolte, on lui donne au printemps suivant un amendement superficiel. Ses graines tombent facilement au moment de la maturité ; on doit donc en surveiller la cueillette avec soin. Les vaches et les moutons mangent sa fleur avec plaisir. Le carvi est généralement cultivé pour ses graines , qui fournissent une huile grasse qu'on peut employer dans les aliments.

Chanvre. Plante annuelle qui demande un sol frais , léger, riche en humus, bien ameubli par plusieurs labours ou mieux encore par un défoncement à la bêche. Elle se sème au commencement de juin , à la volée, après une pluie si la terre est sèche ou après le dernier labour. La graine doit être peu enterrée, et il en faut de 4 à 5 hectolitres par hectare. Il est bon de l'éclaircir par des sarclages qui lui sont fort utiles. Le chanvre se récolte quand les tiges commencent à jaunir. Les pieds mâles mûrissent avant les autres. On les arrache à la main et on les met en botte pour les mettre sous l'eau ; cette opération est le rouissage. Des graines du chanvre que l'on nomme chenevis, on extrait une huile utilisée pour la peinture , l'éclairage, la fabrication du savon et plusieurs autres usages. De ses tiges on tire une filasse dont le principal emploi est de faire des cordages.

Colza. Espèce de chou plus particulièrement cultivé pour sa graine, dont on extrait de l'huile qui est devenue l'objet d'un grand commerce. Cette plante demande une bonne terre bien ameublie, bien fumée et fraîche, sans être humide. La meilleure manière de semer le colza est de faire un semis à la volée, et de transplanter ensuite en ligne. Le semis a lieu du 15 juillet au 15 août. On emploie 5 kilogrammes environ de graines par hectare. La transplantation se fait à partir du mois d'octobre. On espace les lignes à la distance de 50 centimètres environ , en laissant entre chaque pied un espace d'environ 18 centimètres. La transplantation demande à être faite avec promptitude et par un temps pluvieux. Si l'on veut moins épuiser le sol et pouvoir le labourer à la charrue , on espace davantage les lignes et on éloigne jusqu'à 50 centimètres les pieds de colza. On peut alors les recouvrir avec la charrue. De cette façon, on peut mieux opérer les sarclages et bien travailler le champ pour recevoir après le colza une autre récolte. Pendant l'hiver le colza ne demande aucun soin ; ce n'est qu'au mois de mars que l'on procède aux sarclages et aux binages nécessaires. La récolte a lieu au mois de juin. On reconnaît que la graine peut être cueillie à la couleur jaunâtre de la tige et à la chute des feuilles inférieures. La graine une fois parvenue à sa maturité, s'échappe facilement de son enveloppe ; aussi convient-il de couper le colza le matin avec la rosée et de l'enlever avec précaution, si on ne le laisse pas dans le champ en javelles. Il ne faut pas attendre que la graine en retard ait complètement mûri pour opérer la récolte, parce qu'elles achèvent de se nourrir dans les javelles qu'on a formées. Le battage se fait sur des draps, soit au champ, soit en grange. Il convient de livrer au commerce le plus tôt possible la graine de colza, car sa conservation exige beaucoup de soins ; elle est susceptible de s'échauffer et il faut la remuer fréquemment après l'avoir déposée dans un grenier bien sec et bien aéré. Le colza, comme récolte du printemps, se sème en automne, et peut être suivi d'une récolte de céréales. Le colza se cultive encore comme nourriture en vert pour les bestiaux ; on le sème après un premier labour à raison de 4 à 5 kilogrammes par hectare. A la fin de l'hiver, on obtient un fourrage précoce dont on nourrit les bestiaux à l'étable. On peut également enfouir le colza comme engrais végétal.

Lin. Plante textile dont il existe plusieurs espèces. Une seule, le lin commun, est cultivée. Le lin aime les terres meubles, légères, fertiles, riches en humus. On le sème, en automne, à la volée, à la dose de 3 à 4 hectolitres par hectare. La semence ne demande à être couverte que légèrement ; les soins qu'exige la plante ne consistent qu'en sarclages, et en arrosage, si c'est possible. On fait la récolte au mois de juin en arrachant la plante. Avec la filasse que fournissent les tiges de lin, on fabrique les plus belles toiles connues, et sa graine donne une huile propre à un grand nombre d'usages. Pour extraire la filasse du lin on se livre aux diverses opérations du rouissage.

Navette. Plante de la famille des crucifères et du genre chou, comme le navet, et que l'on cultive principalement pour sa graine. Il en existe deux variétés : la navette d'été et la navette d'hiver. La navette d'hiver exige des terrains forts ; on la sème à la fin de l'automne, à la

volée , à la dose de 5 à 6 kilogrammes par hectare ; il lui faut de bons
labours et on la herse après l'avoir semée. Elle se récolte au printemps
suivant. La navette d'été aime les terrains légers et se sème au printemps à la volée ; on a le soin d'éclaircir les pieds trop pressés ; la récolte se fait dans la même année ; on reconnaît que les semences sont
mûres à leur couleur brune et au dessèchement des feuilles de la tige ;
pour la récolter on prend toutes les précautions qu'exige le colza. L'huile
de navette sert pour l'éclairage , pour la préparation des cuirs et des
draps, pour faire du savon noir ; elle entre dans la préparation des aliments des gens de la campagne.

Pavot. Plante de la famille des papaveracées. On cultive en grand le
grand pavot sous le nom d'œillette ou oliette. Le pavot étant une plante
pivotante , demande une terre profondément labourée, où sa racine puisse
pénétrer sans peine. Comme sa végétation est rapide , il faut que cette
terre soit fertilisée par des engrais ; enfin , comme sa semence est fine ,
il faut que le sol soit bien divisé et ameubli avant que la graine lui soit
confiée. On sème à la volée et clair en automne. Une fois levé , le pavot
doit être sarclé : par un premier sarclage , on éclaircit les plants trop
confus ; un second sarclage se fait lorsque les tiges commencent à s'élan-
cer ; alors on ne laisse que les pieds nécessaires à une distance l'un de
l'autre d'environ 42 centimètres. La maturité de la graine s'annonce par la
couleur jaunissante des capsules et par les ouvertures qui se forment au
dessous de leur couronne. Les soins qu'exige la récolte de la graine sont
les mêmes que pour le colza. La graine est portée au grenier où on
l'étend avec soin sur une épaisseur de 6 à 9 centimètres seulement , et
on la remue fréquemment jusqu'à sa complète dessiccation. La culture du
pavot des champs a pour objet principal d'en obtenir de l'huile. Cette
huile , très saine et d'un goût fort agréable , est d'un usage général et fort
répandu comme aliment. Les tiges peuvent être employées à plusieurs
usages ; on peut aussi les brûler sur le champ même qui les a produites,
et en répandre les cendres comme engrais.

Tourteaux. Résidus solides de la fabrication de l'huile. Les principaux tourteaux sont ceux de lin, de noix, de chenevis, de colza, d'olives,
de faines. On les considère comme un très bon aliment pour les bestiaux ;
cependant leur usage n'est pas toujours exempt d'inconvénients. Les tourteaux de lin et de noix paraissent être les meilleurs, et néanmoins ils
doivent être donnés avec ménagement. Il faut habituer les animaux peu à

peu à l'usage des tourteaux , avant de les faire entrer dans la ration de chaque jour. On doit les donner réduits en poudre, délayés et mêlés avec d'autres aliments. Les tourteaux de faîne paraissent être vénéneux pour les ruminants et surtout pour les solipèdes On utilise aussi les tourteaux pour fertiliser la terre comme engrais ; on les répand , après les avoir réduits en poudre , à la main ou à la volée, sur les blés en état de végétation , sur les lins et sur les colzas qui commencent à se développer.

CHAPITRE HUITIÈME

Légumes.

Les légumes ne sont, à proprement parler, que la graine des plantes dont la fleur est en papillon, graines qui se trouvent renfermées entre deux cloisons auxquelles elles tiennent par l'ombilic, et qu'on nomme gousses. Tels sont : les fèves, les haricots, les lentilles, les pois, etc. Les légumes fournissent les produits les plus divers et les plus utiles. (V. les articles ci-après.)

Fève. Plante de la famille des légumineuses, à racines pivotantes et fibreuses, dont le fruit est une gousse oblongue renfermant des graines séparées par des espèces de renflements celluleux. Il existe plusieurs espèces de fèves : la fève de marais, et la fève hâtive. Elles aiment une terre bien ameublie, fraîche et substantielle ; elles donnent aussi des produits abondants sur les terres compactes, humines et argileuses, quand le sol a été préparé par plusieurs labours. On les sème en automne, en lignes, parce que ce mode présente l'avantage de leur donner des binages, des buttages et des sarclages qui sont utiles pour le développement de la plante et qui préparent et nettoient le sol pour les récoltes suivantes. On fait répandre la semence à la main, derrière le laboureur, dans la raie que trace la charrue et de deux raies en deux raies. La charrue les recouvre en traçant un autre sillon. Quand on veut récolter les fèves pour leurs graines, il faut, pour les cueillir, attendre que les gousses prennent une couleur noire ; on les bat ensuite avec des gaules ou le fléau et elles s'égrènent très facilement Si on veut en faire du fourrage vert, il faut les couper au moment de la floraison ; et si on veut qu'il soit mêlé de graines, on attend le moment où les gousses sont formées et avant qu'elles ne sèchent sur pied. Enfin, si on veut les enfouir comme engrais vert, on les affaisse avec un rouleau au moment de la floraison, et, après une forte rosée ou un peu de pluie, on les enterre avec la charrue. Les fèves servent à la nourriture de l'homme et à celle des bestiaux. On en engraisse les bœufs, les porcs, et c'est un bon aliment pour les chevaux.

Haricot Plante de la famille des légumineuses, dont il existe plusieurs espèces et des variétés nombreuses. Les haricots sont très sensibles aux gelées. Ils demandent un sol léger et substantiel, et qui ait été fumé et préparé par plusieurs labours. Les haricots se sèment au printemps après que les gelées sont entièrement passées, en ligne, soit au moyen de la charrue, soit dans des trous faits à la bêche et dans lesquels on met huit ou dix semences. On les sème aussi avec le maïs, de telle sorte que la plante puisse, quand elle se développe, grimper et s'enlacer autour de la tige du maïs. Aussitôt que la plante a atteint la hauteur de 4 à 5 centimètres, elle demande un binage dans lequel on a soin de ramener la terre contre les racines; elle en reçoit un second, lorsque les fleurs commencent à paraître. A l'époque du second binage, on donne des rames ou soutiens aux espèces à tiges grimpantes. On récolte les haricots lorsque les tiges sont entièrement sèches. On écosse les haricots au fléau. La culture des haricots est épuisante; mais au moyen des fumiers, elle est une bonne préparation pour le blé, parce que les binages qu'elle exige nettoient le sol des mauvaises herbes. On a reconnu qu'ils sont la meilleure préparation que la terre puisse recevoir pour la luzerne qui suit avec une céréale.

Lentille Plante de la famille des légumineuses. Il faut aux lentilles une terre légère et sèche, et une exposition chaude; elles redoutent un sol humide et compacte. La lentille se sème, quand les gelées ne sont plus à craindre, de distance en distance, dans des trous faits avec une binette ou une bêche; on couvre la graine avec la charrue. On les récolte aussitôt que les gousses prennent une couleur grise et roussâtre. Il faut veiller avec soin à ne pas les laisser trop mûrir, parce qu'elles s'échappent facilement de leurs gousses. La lentille ordinaire ou grosse lentille, dont nous venons de parler, se cultive pour la nourriture de l'homme. La petite lentille ou lentillon, destinée pour fourrage, se sème à la volée, et le plus souvent avec une graminée, qui entre pour un quart dans le mélange.

Pois. Plante de la famille des légumineuses, dont il existe plusieurs variétés. Toute espèce de terre convient à la culture des pois; mais ils réussissent mieux dans un sol sablonneux et léger. On les sème à la volée, seuls, ou mélangés avec d'autres graminées, à raison de 2 hec-tolitres et demi par hectare. Pour avoir des pois hâtifs, on les sème en novembre, à une bonne exposition, et dans une quinzaine de jours, ils ont pris assez de force pour résister aux gelées. Les pois, cultivés en grand dans les champs, exigent une bonne fumure, car leur culture est très épuisante; on emploie généralement du terreau bien consommé. Les pois sont particulièrement cultivés pour la nourriture de l'homme, et sont aussi un bon fourrage pour les bestiaux.

Pomme de terre. Plante de la famille des solanées, genre mo-relle. La pomme de terre présente de nombreuses variétés : les unes, précoces ou hâtives, les autres, tardives ; il en est à tubercules rouges, blancs, jaunes, violets, gros ou petits, ronds ou allongés. Leurs carac-tères ne sont pas parfaitement fixes ; les plus grosses ne sont pas toujours les plus productives ni surtout les meilleures. Les pommes de terre à tubercules jaunes paraissent devoir être préférées, soit à raison de leurs qualités supérieures, soit à raison de la production. Cette plante s'accom-mode de tous les sols ; elle préfère cependant les terrains légers, sablon-neux et substantiels en même temps ; elle produit davantage après les défrichements. On la multiplie de semis au printemps, soit aussi par boutures, et plus généralement par ses tubercules. Il est bon que ceux-ci soient de grosseur moyenne et entiers. Cependant on la reproduit aussi de tubercules coupés par quartiers. Deux labours suffisent assez ordinai-rement pour disposer toutes sortes de terrains à cette culture : le pre-mier, très profond, avant l'hiver; le second, avant la plantation. Il est bon que la pomme de terre soit semée à 50 centimètres de distance, et recouverte de 10 ou 12 centimètres de terre par un hersage La récolte se fait en automne; on arrache les tubercules, soit à la main, avec la houe, soit à la charrue. On les conserve dans un lieu sec, obscur, et à une bonne température ; car l'humidité les fait pourrir, le froid les gèle, l'air, la lumière et la chaleur les font germer. Comme plante sarclée, la pomme de terre est une bonne préparation pour la culture des céréales, par les façons qu'elle exige qui ameublissent le sol; mais comme elle absorbe une notable portion d'humus, il faut renouveler, par une bonne fumure, la déperdition des sucs qu'elle a fait éprouver au terrain. La pomme de terre est une ressource précieuse pour l'alimentation de l'homme et des animaux ; ceux-ci la mangent crue ou cuite; sous le premier état, elle doit être donnée avec ménagement ; sous le second, elle provo-que plutôt la formation de la graisse que la production du lait ; aussi l'emploie-t-on de cette manière pour l'engraissement des cochons et de la volaille. Les fanes de la pomme de terre verte sont un bon fourrage; sèches, elle sont brûlées ou converties en fumier. Les meilleurs moyens pour prévenir les maladies des pommes de terre sont : l'assainissement des terres, la substitution d'engrais secs et chauds aux fumiers gras et frais, l'emploi des terres neuves, et surtout des défrichements des prairies naturelles et artificielles, l'adoption exclusive des variétés les plus hâtives, la plantation sur des ados ou des billons relevés, la renonciation à sa culture dans les terrains argileux, le chaulage des tubercules et l'exposition au soleil avant la plantation, l'enlèvement de la fleur de la tige, ou de la plante entière lors de leur complet développement; la soustraction d'une ou de plusieurs parties à certaines époques de la végétation, l'éparpillement de cendres végétales et minérales sur les tubercules employés à la reproduction ; l'incorporation de différentes matières alcalines dans les fumiers ; l'application, sous forme de bains de quelques minutes, de l'acide sulfurique étendu d'eau aux tubercules destinés à la reproduction; enfin, la substitution des plantations d'automne à celles du printemps. Ce dernier moyen est le plus sérieux.

CHAPITRE NEUVIÈME.

Vignes.

La vigne arbisseau sarmenteux, cultivée depuis des siècles, est originaire de l'Asie. A voir cette plante dans l'état où la culture nous la présente et telle que nous l'avons faite pour nos besoins, on ne supposerait pas qu'abandonnée à elle-même, laissée à tout ce que la nature lui a donné de force, elle acquiert une grosseur très remarquable et parvient à une extrême vieillesse.

Un pied de vigne s'appelle cep ou souche. On nomme sarments après la vendange les bourgeons aoûtés. Un sarment couché en terre prend le nom de provin. La portion de sarment laissée sur la tige après la taille s'appelle courson ou sifflet. Un sarment réservé dans une certaine longueur, pour obtenir une plus grande quantité de raisins, se nomme sauterelle. Les diverses variétés de la vigne, qui sont nombreuses, se désignent sous les noms de plant, cépage. Du cep partent des sarments ronds, quelquefois fourchus, plus ou moins longs ; ceux qui s'élèvent verticalement sont plus courts que ceux qui prennent une direction horizontale, et ceux-ci plus courts que les rampants. Dans le sarment de l'année, la moëlle occupe tout le diamètre du bois ; elle diminue successivement d'année en année jusqu'à la quatrième où elle a totalement disparu. Les petits rameaux qui sortent des sarments principaux s'appellent rameaux secondaires. Les sarments se chargent de feuilles, de fruits ou grappes opposés aux feuilles, et de vrilles ou filaments au moyen desquels ils s'attachent aux plantes voisines. Les feuilles sont généralement plus grandes dans la partie inférieure que celles du milieu du sarment et de l'extrémité. Les vrilles sont des productions sarmenteuses composées des mêmes vaisseaux que ceux des sarments ; on peut les mettre à fruit en retranchant près de son origine la branche la plus petite ; après deux ou trois jours, il paraît à la branche conservée des boutons qui se développent ensuite et offrent à la fin des grappes bien formées qui mûrissent et donnent de beaux et bons raisins. Les fruits sont plus ou moins gros, ovales ou ronds, d'un violet noirâtre ou moins foncé, roux ou verts, blancs ou jaune d'or. Cette couleur appartient principalement à la peau, laquelle est mince, dure ou coriace ; la pulpe et le moût sont peu colorés même dans les raisins noirs. Chaque grain est attaché à un petit pédoncule, qui naît le long de la râfle, ou pédoncule commun. Les grains constituent par leur réunion ce qu'on appelle la grappe. Pendant le temps de la floraison la vigne exhale une odeur agréable. Ces caractères généraux de la plante sont les plus constants ; cependant ils varient selon l'influence du climat, du sol, de l'exposition, de la saison et de la culture. Tous les climats ne sont pas indifférents à la vigne ; dans ceux qui sont trops froids, le fruit n'arrive pas à maturité ; dans ceux qui sont trops chauds, elle est dévorée par l'ardeur des rayons du soleil. Les contrées qui lui conviennent le mieux sont celles situées au midi, et où le sol est de nature argilo-calcaire et caillouteuse. La vigne se plaît surtout dans les terrains en pente et sur les collines exposées au midi. Cependant, on récolte des vins estimés à l'exposition du nord, comme dans la Champagne, ou en plaine, comme dans le Médoc et l'Orléanais. Mais elle ne prospère pas sur les hautes montagnes, à cause de la température qui y est d'autant plus froide qu'on s'élève davantage.

La culture de la vigne consiste : 1º Culture en hautains, qui a pour objet de soutenir les sarments sur des arbres ou sur des palissades. Elle offre à l'œil un aspect agréable, mais il s'en faut que le vin qu'on en retire soit d'une bonne qualité. On peut substituer aux arbres de longues perches ou des échalas ; enfin, on dispose souvent les hautains en treilles basses et en rangées écartées, qu'on laboure à la charrue, comme les vignes basses. 2º Culture en vignes basses ; c'est la méthode la plus répandue ; elle consiste à cultiver la vigne de manière à ce qu'elle ne s'élève guère au delà de 60 à 80 centimètres de terre, en rangées écartées. Ces vignes sont labourées à la charrue ou à la bêche quand les rangées sont trop rapprochées. Le nombre de pieds de vignes, par hectare, dans une vigne cultivée à la charrue, varie selon les localités de 4,500 à 8,500 environ. Le choix du plant est une chose importante ; cependant on est, en général forcé de se soumettre dans ce choix, aux variétés qui sont reconnues pour prospérer le mieux dans la localité où a lieu la plantation. Les essais qui ont été faits pour transporter d'un pays dans un autre des plants produisant des vins d'une qualité supérieure, ont peu réussi. Du reste, les variétés de la vigne sont si nombreuses, leurs noms changent tellement de contrée à contrée, qu'il serait assez difficile d'indiquer celles qui seraient à préférer.

La vigne se multiplie et se reproduit par semences, par marcottes ou provins, par boutures et par crosettes. La reproduction par semis a lieu fort rarement ; elle est très tardive et laisse de l'incertitude sur la qualité des cépages. La multiplication par marcottes s'appelle provignage quand elle s'applique à la vigne. C'est une opération qui consiste à coucher un sarment en terre dans une fosse creusée à cet effet. Pour qu'un provin soit placé dans de bonnes conditions, il faut qu'il soit couché dans une fosse assez profonde, afin que les labours ne puissent pas atteindre le sarment qui y est couché. Il faut avoir le soin, quand le provin a acquis assez de force, c'est-à-dire vers la troisième année, de le séparer de la souche-mère, en coupant la partie du sarment qui y adhère encore. Le but du provignage est de rétablir les pieds manquants, et cela avec plus de promptitude et surtout plus d'avantage ; car, dès la première année, le provin commence à donner du fruit, à ce point que l'on a l'habitude de dire que le provin paie, dès la première année, la dépense qu'il a occasionnée. La méthode de reproduire la vigne la plus usitée est de planter des boutures. On coupe les rameaux qu'on y destine avant que la sève commence à se mettre en mouvement, sur des ceps dans la vigueur de l'âge et en plein rapport ; on les rogne par le bas au-dessus d'un nœud, et par le haut au-dessus d'un bon œil ; on leur laisse de 50 à 60 centimètres de longueur, puis on les conserve jusqu'au moment de les planter, soit en les enfonçant par le gros bout, aux deux tiers environ de leur longueur, dans de la terre ou du sable un peu humide et à l'abri des gelées, soit en les enterrant par lit, avec de la terre plus sèche qu'humide, dans une fosse en plein air que l'on garantit des atteintes de la gelée. La plantation s'effectue au printemps, après un défoncement ou de simples labours, à l'aide du plantoir, en ayant le soin de laisser hors de terre un, deux ou même trois yeux, et de placer au fond du trou du terreau pulvérisé ou même du sable, et d'arroser le plant quand il a été plombé. Les boutures en crosette se font de la même manière, avec cette différence qu'elles sont tirées du bois de deux ans, au lieu que les boutures simples sont tirées du bois de l'année précédente. On greffe aussi la vigne.

La vigne est travaillée au moyen de la bêche ou de la charrue. Le labour à la charrue est plus expéditif, moins coûteux, mais il ne vaut pas le labour à la bêche. Comme la vigne est d'une culture épuisante, il faut renouveler par des engrais les sucs fertilisants de la terre. Les engrais animaux ôtent à la qualité du raisin, tout en augmentant son abondance ; c'est donc aux engrais végétaux qu'il faut demander un utile secours, en employant des composts et un bon terreau, qui, répandus au pied de chaque souche, lui donnent de la vigueur et la fertilisent.

La taille de la vigne se fait à la fin de l'automne, après que la feuille est tombée, ou après l'hiver, au commencement du printemps. Sous ce rapport, on se conforme aux pratiques exercées dans la contrée; cette opération doit être faite avec soin, et confiée à des vignerons exercés. On doit aussi consulter la nature du sol et avoir égard à la force et à la vigueur de la souche, pour ne pas, en lui demandant plus qu'elle ne serait susceptible de produire, courir le risque de voir la vigne s'épuiser après un petit nombre d'années. Après la taille, l'ébourgeonnement exige de grands soins. Cette opération a pour objet de soulager la plante des bourgeons ou rameaux secondaires qui se développent à côté des rameaux principaux, et surtout du même bouton ou de ceux qui naissent souvent sur les bords de la plaie que la taille a faite. Ainsi sur les coteaux secs ou exposés au midi, on laisse plus de bourgeons et de feuilles, afin de donner plus d'ombre et de favoriser la grosseur du raisin; on en laisse moins dans les fonds ombragés pour que les raisins ne deviennent pas trop aqueux. L'effeuillage auquel on a recours quelquefois pour faire mûrir le raisin plus tôt en l'exposant aux rayons du soleil, est nuisible si on le fait trop tôt et avec excès. L'aération par le moyen de l'ébourgeonnement et d'un effeuillement fait avec intelligence, paralyse le développement des maladies de la vigne. Mais cela ne saurait suffire, car l'expérience a démontré que la fleur de soufre et l'eau Grison sont des remèdes qui produisent les résultats les plus avantageux étant combinés avec l'ébourgeonnement. Quant à la facilité d'employer l'eau Grison et la fleur de soufre, elle peut être obtenue par des appareils et des instruments que chaque propriétaire trouvera le moyen de se procurer. Une vigne qui a été gelée ou fortement grêlée se remet avec peine, et ce n'est qu'à force de soins qu'on lui voit reprendre sa vigueur et sa fertilité première. Pour régénérer une vigne, on doit se borner à déchausser et tailler très court, même sur un seul bouton, à faire çà et là, aux places vides, dans le voisinage des ceps les plus défectueux, des fosses qui fournissent assez de terre vierge pour chausser tous les ceps. Le but de ces opérations est de faire produire des sarments afin de coucher des ceps aussitôt que possible dans des fosses ouvertes. Chaque cep couché peut fournir 3 ou 4 plants; la tige de la vigne, aussi décrépite qu'elle puisse être, étant mise sous terre, redevient saine et constitue une bonne racine-mère; ainsi, au lieu d'un cep qui avait perdu sa force productive, on en a quatre qui ont acquis une nouvelle fécondité et qui sont en plein rapport à cinq ans. On se trouve bien de chausser les vignes en ruine, avec une couche de bon compost et de terreau.

Les vendanges, en général, ne doivent se faire que lorsque le raisin est le plus mûr possible. Il est des pays dont les vignobles offrent des qualités de raisins qui ne mûrissent pas simultanément ; on fait alors plusieurs cueillettes ou vendanges au fur et à mesure que ces qualités parviennent à la maturité. Pour fabriquer le vin, on foule le raisin et on dépose le jus qui en découle, et qu'on appelle moût, dans une cuve où il entre en fermentation. La cuve doit être plus large par le haut que par le bas et plus haute que large. On doit apporter beaucoup de soins à la conservation des cuves ; il faut les tenir à l'abri de l'humidité et les placer de manière qu'au dessous règne un courant d'air. Avant de mettre la vendange dans une cuve, il faut la faire tremper en y mettant de l'eau, afin de s'assurer qu'il n'y ait pas d'infiltration. Après que la vendange est tirée de la cuve, on la nettoie bien, en la balayant avec soin.

Le foulage se fait par des hommes qui piétinent le raisin à mesure qu'on l'apporte dans la cuve, et ils l'écrasent une seconde fois de la même manière lorsqu'un commencement de fermentation a rendu la peau du raisin plus tendre. On se sert aussi d'une caisse percée de trous dans laquelle les raisins sont écrasés par les pieds des hommes, si bien que le jus tombe à mesure dans la cuve ; les rafles y sont jetées aussi par un guichet qu'on a ménagé à l'un des côtés de la caisse, et qu'on ouvre et qu'on ferme à volonté. Dans quelques localités, on foule le raisin dans des baquets ou tinettes, et on jette ensuite le jus et les rafles dans la cuve. On se sert dans quelques contrées d'un égrappoir, composé d'une trémie, où l'on jette les raisins, et d'un demi cylindre dont les bases ou fonds sont formés de deux planches. La surface convexe est à claire-voie et formée sur des baguettes rondes de bois assez rapprochées l'une de l'autre pour laisser passer les grains pressés et rompus. Une manivelle est adaptée au cylindre. L'égrappoir se monte sur une cuve ; on imprime un mouvement de va-et-vient à la manivelle ; les grains, tombant de la trémie rompus et pressés, se détachent de la grappe, passent au travers des baguettes, et les rafles restent dans le cylindre, d'où on les retire en ouvrant une des bases du cylindre, auquel on a pratiqué une porte. Les égrappoirs à trois cylindres horizontaux sont les meilleurs. Dans quelques localités, on couvre la cuve en laissant toutefois une issue, par laquelle, au moyen d'un tube, l'acide carbonique qui se dégage par la fermentation, trouve un passage ; dans d'autres, on laisse la cuve entièrement à découvert. Lorsque la fermentation est arrêtée et que la liqueur est devenue rouge et vineuse, on la place dans des tonneaux, où elle continue de fermenter. Il se produit de l'écume vers la bonde, [et il se dépose de la lie dans le fond du tonneau. Enfin, mis en bouteille, le vin se modifie encore en se dépouillant de sa matière colorante, du tannin qu'il emprunte à la grappe, et des sels tartriques, qu'il contient toujours en quantité notable. La meilleure manière de décuver le vin, c'est de le transvaser au moyen d'un tuyau en cuir adapté à la cannelle, et dont l'autre extrémité est portée sur la bonde du tonneau à remplir. La fabrication des vins blancs exige plus de soins. Lorsque la fermentation commence, il se forme au bout de quelques heures, à la surface de la cuve, une écume qu'on enlève lorsqu'elle a acquis assez de consistance; et on répète cette opération autant de fois qu'on le juge nécessaire. Aussitôt qu'il s'établit une fermentation vive, on soutire le moût et on le verse dans les barriques. Le vin achève de se faire dans les tonneaux; il faut avoir soin de l'ouiller de temps en temps jusqu'à ce que la fermentation ait cessé. On soutire les vins blancs aussitôt que les gelées les ont éclaircis, ou, au plus tard, à la fin de février ou au commencement de mars. Le vin par pressurage s'obtient en soumettant dans une machine disposée à cet effet et qu'on appelle pressoir, les grappes après que la partie du moût tout-à-fait liquide et libre a été enlevée par le soutirage. Le vin qu'on obtient ainsi est de qualité inférieure et a moins de valeur, mais il est propre à être transformé en alcool, et sous ce rapport, il est encore d'un facile débit.

La conservation du vin est un objet important. Les vins faibles et de mauvais crûs se détériorent au bout d'un an ou dix-huit mois. On prévient leur altération par le soufrage, le soutirage et le collage. Le soufrage se fait en imprégnant le tonneau d'une vapeur sulfureuse que l'on obtient par la combustion de mèches soufrées. On suspend ces mèches au bout d'une petite tringle en fer, garnie vers le milieu d'une plaque qui ferme hermétiquement la bonde, lorsqu'on a introduit dans le tonneau la mèche, après l'avoir enflammée. On verse le vin dans le tonneau lorsque la mèche est entièrement consumée. Le soutirage se fait à l'aide d'un siphon que l'on met à la profondeur que l'on veut, ou au moyen d'un robinet placé à quatre doigts au-dessus du fond du tonneau; mais toujours par un temps sec, jamais quand règnent le temps humide et les vents du sud. Avant de soutirer le vin, on doit y mettre, selon la capacité du tonneau, une certaine quantité de blancs d'œufs bien battus. On fouette ensuite le vin avec un instrument qui consiste en une tige de fer garnie de crins à une de ses extrémités. Après un quart-d'heure de fouettage , on laisse reposer le vin pendant quelques jours, et puis on le soutire avec précaution. Le collage se fait en faisant dissoudre à froid dans une certaine quantité d'eau, des blancs d'œufs, de la gélatine ou de la colle de poisson ; on jette cette dissolution dans le tonneau, en proportion du liquide qu'on veut clarifier , puis on remue fortement et avec précipitation afin de bien opérer le mélange ; on laisse reposer, et il se forme bientôt un réseau qui, en se contractant sur lui-même, rassemble toutes les parties étrangères au vin, et les entraîne au fond du tonneau. Il est important de ne pas tarder à soutirer les vins , surtout s'il fait chaud. La pousse des vins s'arrête par le soufrage , ou en ajoutant au vin un millième de sulfate de chaux , ou bien en mettant dans chaque barrique 250 grammes de graine de moutarde. La graisse des vins se corrige au moyen de 2 ou trois hectogrammes de crème de tartre, selon la capacité du tonneau , qu'on y mêle, en roulant le tonneau pendant cinq ou six minutes ; les fruits du sorbier, cueillis avant leur maturité , écrasés dans un mortier , et jetés à la dose de 500 grammes par 200 litres de vin, ont obtenu du succès ; on clarifie ensuite. L'acescence des vins se pallie en les coupant avec leur volume d'un vin plus fort et moins avancé, et ensuite on emploie le collage. Pour faire disparaître le goût des fûts, on verse dans une barrique de 300 litres un quart de litre environ d'acide sulfurique; on agite la barrique dans tous les sens, et on ajoute , litre par litre, jusqu'à 10 litres d'eau, en ayant le soin , après avoir versé chaque litre d'eau, de bien remuer le tonneau , afin que le liquide versé puisse enlever toutes les matières que la futaille contient. On peut, pour abréger cette opération, défoncer avant le tonneau pour en retirer le tartre.

CHAPITRE DIXIEME.

Instruments aratoires.

Les instruments aratoires servent à cultiver les champs. On doit toujours employer ceux dont l'expérience a démontré les perfectionnements, et à l'aide desquels on peut exécuter le meilleur travail et le plus promptement possible. S'il faut cependant se garder des innovations dont les avantages ne sont pas constatés, l'agriculteur ne doit pas non plus rester esclave de la routine et refuser d'adopter tout ce qui peut contribuer à l'amélioration de son système d'exploitation. Les machines diffèrent des instruments en ce que ceux-ci sont plus simples et formés seulement de deux ou trois pièces. Toutes les machines ont pour premier moteur l'homme ou les animaux, l'air, l'eau ou la vapeur. L'introduction des machines en agriculture a fait de grands progrès de nos jours, et on en emploie de plus ou moins simples, composées plus ou moins ingénieusement, notamment pour le battage des grains, qui atteignent, avec plus ou moins de succès le but que se sont proposé leurs inventeurs. Le culture des champs est un art qui exige plus particulièrement le bras de l'homme, à qui il faut des instruments perfectionnés, simples, faciles à manier et solides à la fois. (Voir les articles ci-après.)

Achade. Espèce de houe de 16 centimètres de large sur 33 centimètres de long, dont on se sert pour biner les vignes.

Araire. Charrue simple, sans roue, dans laquelle la puissance motrice est immédiatement appliquée à l'age. L'avantage de son emploi consiste en ce qu'elle demande moins de force et produit plus d'ouvrage. (Voir *charrue*).

Bêche. Instrument d'agriculture et de jardinage. Les formes en sont variées suivant la nature du terrain, la force de l'ouvrier, et surtout suivant les usages du pays. Cet instrument est en fer et on y adapte un manche en bois. Il est surtout en usage pour la culture des plantes sarclées. Le labour à la bêche est plus coûteux que le labour à la charrue, mais il est préférable. On a remarqué que le produit de la culture à la bêche est plus considérable que celui du travail à la charrue.

Besoche. Outil en fer qui ressemble à une pioche ; mais l'extrémité, au lieu d'être en pointe, s'élargit et présente un taillant plus ou moins large. Cet instrument s'emploie surtout pour arracher les arbres.

Binette. Instrument propre à remuer la terre. C'est une petite pioche dont le fer présente un tranchant d'un côté et deux dents de l'autre, afin d'agir différemment suivant la nature ou la disposition du sol ou de la plante.

Charrue. La charrue a l'avantage sur la houe et la bêche, de faire beaucoup d'ouvrage en moins de temps et avec moins de dépense ; mais son travail n'est pas aussi bon. La charrue se compose de diverses parties. Ce sont : le coutre, le soc, le sep, l'oreille, ou le versoir, l'age ou la flèche ou haie, le régulateur, le manche ou mancheron et l'avant-train dans les charrues à avant-train. Le coutre coupe verticalement la terre, le soc la divise horizontalement, l'oreille ou le versoir retourne et renverse la tranche. Le sep est comme la base et le pied de la charrue ; c'est sur lui qu'elle repose et qu'elle est portée ; c'est à lui qu'est attaché le soc par sa douille, comme il soulève la terre par son aile. L'age ou la flèche ou haie est la partie par laquelle s'opère le mouvement de progression de la charrue au moyen de l'attelage. Le régulateur sert à régler l'entrure de la charrue et à modifier la largeur de la raie ouverte par le soc. Le manche ou mancheron, placé à l'extrémité postérieure de la charrue, sert à la maintenir et à en faciliter la direction. Ce qu'un agriculteur doit rechercher, c'est qu'une charrue réunisse les conditions suivantes : Être simple, ne pas exiger trop de force ni d'adresse, pouvoir être tenue par celui qui la dirige, être peu coûteuse et solidement construite, facile à régler, d'un tirage normal, peu fatigante pour l'attelage, avoir un soc plat et à une seule aile, nettoyer parfaitement les raies, et bien renverser les tranches. Or, ces conditions, on les rencontre autant qu'il est possible dans les charrues en fer grandes ou petites. Il existe un grand nombre de variétés de charrues, parmi lesquelles nous citerons : la charrue à grappin, à tourneoreilles, à deux versoirs, à défricher, à défoncer et la charrue-semoir. Les binots buttoirs, cultivateurs et houes à cheval peuvent être considérés comme des sortes de charrues augmentant le nombre des instruments inventés pour travailler la terre et offrant des avantages plus ou moins efficaces.

Crible. Le crible a un double but : 1º de laisser passer le bon grain en retenant les pierres et les plus gros objets; 2º de retenir le bon grain en laissant passer les menues graines. Voilà pourquoi on fait des cribles dont les trous sont de diverses grandeurs. Les cribles se composent d'un cercle de bois mince garni d'un côté avec une feuille de parchemin de peau d'âne ou de mouton, percée régulièrement de trous ronds plus ou moins grands, suivant la nature des grains qu'on veut nettoyer.

Déplantoir. Sorte de bêche courbée en demi-cercle dont on se sert pour arracher avec leur motte les plantes qui exigent cette précaution.

Ecobue. Instrument d'agriculture et de jardinage, ainsi nommé parce qu'il sert à écobuer les terres. C'est une espèce de pioche recourbée comme une houe, qui a environ 40 centimètres de longueur sur 20 de largeur; elle est armée d'un manche de 1 mètre de long.

Extirpateur. Instrument ayant la forme générale d'une herse, muni de pieds ou de socs propres à déraciner et à entraîner les herbes, et dont on se sert aussi comme de la herse, pour recouvrir les semences des céréales. L'extirpateur est armé de cinq, sept ou neuf socs; il convient aux terres légères. Du reste, comme instrument de labour, il ne peut remplacer la charrue; ce n'est que lorsque celle-ci a profondément remué et labouré le sol et que les pluies ayant tassé les terres, celles-ci demandent un labour superficiel, que l'extirpateur peut servir à leur rendre leur ameublissement avec le grand avantage de faire plus de travail, pouvant tracer plusieurs sillons à la fois. Le scarificateur ne diffère de l'extirpateur que par la forme de ses socs.

Fauchet. Sorte de râteau de bois qui a des dents des deux côtés, dont on se sert en exécutant un mouvement comme si l'on fauchait, ce qui permet de ramasser mieux l'herbe après qu'elle a été fauchée, et la paille quand le grain est battu.

4

Faucille. Instrument qui sert pour couper les céréales ; il se compose d'une lame d'acier recourbée en demi-cercle et quelquefois armée de dents à son bord inférieur. A la lame de cet instrument s'adapte un manche en bois poli. La forme de la faucille, aussi bien que sa longueur et sa largeur, varient suivant les localités.

Faux. Instrument tranchant et légèrement recourbé, propre à couper les plantes fourragères et les céréales. La faux est emmanchée d'un long bâton garni d'une main en bois vers le milieu de sa longueur ainsi qu'à l'extrémité opposée à celle où la lame est adaptée.

Galère. Sorte de petit tombereau, mais qui n'est pas porté sur des roues Le fond, qui repose immédiatement sur le sol, est, à sa partie antérieure, garni d'une lame de fer tranchante. A chacun des deux côtés de la galère est adaptée une chaîne de fer longue de 1 mètre environ, dont les bouts viennent se réunir à la partie centrale et antérieure de l'instrument au moyen d'un anneau auquel on attache le trait qui doit servir à traîner la galère. La galère sert à transporter la terre provenant de l'exhaussement sur les parties creuses du champ. Un bouvier tient l'instrument par les deux mancherons qui y sont adaptés ; en soulevant un peu la partie postérieure de la galère, il fait pénétrer la partie antérieure, garnie, comme nous l'avons dit, d'une lame de fer tranchante, dans la terre qui a été préalablement ameublie par un bon labour, et la la galère se charge naturellement par la traction que les bœufs opèrent. Quand elle est assez chargée, le bouvier exerce sur les mancherons une pression qui, en soulevant la partie antérieure de l'instrument, l'empêche de prendre plus de terre. On le conduit alors à l'endroit où ou veut le décharger ; alors le bouvier relève les mancherons de manière à imprimer à l'instrument un mouvement de bascule qui en le retournant sens-dessous-dessus, le décharge complétement.

Greffoir. C'est une espèce de petit couteau, dont la lame, longue de 6 centimètres environ, est un peu arrondie par le bout du coté du tranchant. Au talon est implantée une petite lame en buis, en ivoire ou en os, aplatie sur ses bords. sans être tranchante, et faite en forme de spatule ; elle sert à soulever doucement l'écorce de l'arbre, après qu'elle a été entaillée, et pour cette raison, elle ne doit pas être en fer ou autre métal ; dans ce cas, en effet, le métal se trouve oxidé par la sève qui l'humecte au moment de l'opération, et la petite couche d'oxide qu'il dépose sur la plaie peut être nuisible.

Hache-paille. Instrument qui consiste en un tonneau défoncé par en haut, sur lequel on établit deux lames de fer tranchantes de 8 à 10 centimètres, dont l'une est fixée par ses deux bouts sur les bords du tonneau, tandis que l'autre est attachée à la première par un boulon sur lequel elle joue librement ; elle est munie à son extrémité d'un manche en bois, à l'aide duquel on la fait agir comme qui ferait agir des ciseaux ; la paille tombe dans le tonneau à mesure qu'elle est coupée. Le petit hache-paille allemand, modifié par Guillaume et Mathieu de Dombasle, est le plus simple, le plus économique et le plus répandu. Le hache-paille tambour est le plus expéditif, mais il coûte cher.

Herse. La herse qui sert plus particulièrement à l'ensemencement, se compose d'un chassis en bois ou en fer, armé de dents en fer ou en bois, et que l'on traîne sur la terre à l'aide de chevaux ou de bœufs ; elle est triangulaire ou quadrangulaire ; les dents ou couteaux dont elle est armée sont rangés sur plusieurs rangs, et leur nombre varie selon la largeur donnée à l'instrument. La forme des herses quant à la disposition des dents surtout, varie beaucoup ; mais elles doivent remplir les conditions générales suivantes : être solides, assez lourdes pour le travail à exécuter, avoir des dents également longues et également distantes les unes des autres, faire autant de raies distinctes qu'il y a de dents, avoir ces dents disposées de telle sorte qu'elles traversent la terre, la divisant sans l'accumuler devant elle. La grandeur et le poids des herses doivent être proportionnés au nombre et à la force des animaux qu'on emploie à les traîner et relatifs à la nature du terrain. Les herses qui sont plus particulièrement destinées à briser les mottes et à l'ameublissement du sol, ont la forme d'un rouleau armé ou non de pointes de fer.

Houe. Instrument qui se compose d'une lame en fer fixée à un manche en bois, long d'environ un mètre, au moyen d'une douille, et faisant avec lui un angle plus ou moins aigu. Sa forme varie suivant les pays et les travaux auxquels il est employé. Il est des houes carrées, triangulaires, arrondies et de fourchues. Ces dernières sont plus particulièrement en usage dans les terrains pierreux et graveleux et dont on se sert ordinairement pour les travaux de la vigne, quand on ne la laboure pas. C'est avec la houe carrée que l'on cultive d'ordinaire les plantes sarclées. Afin d'obtenir de cet instrument, pour la grande culture, les avantages qu'on en retire pour la petite, on se sert de la houe à cheval. Elle est composée d'un ou plusieurs fers de houe fixés sur un bâtis en bois ou en fer, avec ou sans avant-train, selon les habitudes du pays, et trainée par un cheval à la manière des charrues. On ne l'utilise ordinairement que pour la culture des plantes sarclées, en lignes espacées convenablement. Avec elle un ouvrier peut biner en un jour jusqu'à deux hectares de terrain ; mais il s'en faut bien cependant que son travail , quoique plus prompt, présente les avantages de celui fait par la houe à la main.

Pelle. Instrument de fer ou de bois qu'on emploie à divers usages dans les travaux des champs, et dont on se sert plus particulièrement pour remuer les terres ou les grains. Quand il est de bois , il est fait d'une seule pièce, et employé plus ordinairement à remuer les grains. La pelle est alors plus concave que la pelle en fer et qui sert à remuer la terre. Les pelles sont en général en bois de hêtre ou d'aulne.

Pelleversoir. Espèce de bêche, ressemblant à une pelle plate, surmontée d'un petit support en fer, sur lequel s'appuie le pied pour enfoncer l'instrument dans la terre qui est ainsi soulevée et retournée plus facilement. Il y a des pelleversoirs pleins et des pelleversoirs fourchus ; ceux-ci conviennent dans les terrains pierreux.

Pic. Espèce de bêche pointue, avec une douille à laquelle on adapte un manche de bois. Le pic sert à défoncer les terrains pierreux et tenaces.

Pioche. Instrument composé d'un manche et d'un fer terminé, d'un côté par un pic, et de l'autre par un fer de houe de forme, de longueur et de courbures diverses, qui sert à faire les défrichements, les défoncements, les tranchées, &. La pioche est surtout employée dans les terrains pierreux.

Râteau. Instrument composé de plusieurs dents parallèles fixées à une traverse à laquelle s'adapte un manche. Il sert à divers usages. Sa forme et sa force varient suivant l'emploi qu'on en veut faire. Pour épierrer le sol, il est armé de dents de fer quadrangulaires, longues de 10 centimètres environ. Pour ramasser la paille et le foin, il est muni de dents de bois plus longues et plus ou moins serrées , et quelquefois formant une double rangée, de manière à pouvoir râteler alternativement à droite et à gauche. On fait avec le bois du chêne et du cormier les dents du râteau en bois.

Ratissoire. Instrument qui consiste en une lame de fer tranchante adaptée à un long manche, que l'on tient parallèlement à la surface du terrain, et manœuvrant à une petite profondeur pour couper les plantes au dessous du collet. Il y a aussi des ratissoires à cheval. On se sert de celles-ci pour ratisser les grandes allées des jardins ; ce qui rend l'opération plus prompte et moins dispendieuse.

Rouleau. Instrument formé d'un cylindre en bois dur et pesant, quelquefois en fonte ou en pierre, tournant, au moyen d'un axe, dans un cadre ou à l'extrémité d'un brancard que traînent des chevaux ou des bœufs. On emploie le rouleau, soit sur les terres labourées pour en briser les mottes, soit sur les terres nouvellement ensemencées pour qu'elles conservent plus facilement leur fraîcheur, soit enfin sur les plantes récemment levées, pour tasser la terre sur leurs racines et les empêcher ainsi d'être saisies par les gelées ou brûlées par le soleil. Dans les terres sablonneuses et légères, il rapproche les parties du sol et le rend plus compacte ; dans les terres argileuses, le rouleau doit être fait par un temps suffisamment sec.

Semoir. Instrument propre à répandre les graines sur le sol pour les semer. La forme et la grandeur des semoirs sont très variées ; les uns sont conduits à la main ; d'autres nécessitent l'emploi d'un ou de deux chevaux ; la plupart sont disposés pour les ensemencements en ligne.

Serpe. Instrument en fer plat et tranchant, recourbé en croissant, dont on se sert dans le jardinage et l'exploitation des bois pour couper les branches des arbres. On fait usage, pour tailler les arbres, d'un petit instrument en fer plat et tranchant appelé serpette ; on se sert aussi pour tailler la vigne d'une espèce de serpette consistant en un fer plat, large de 10 centimètres environ, tranchant d'un coté, de manière à pouvoir couper les branches mortes, et de l'autre pointue et légèrement recourbée, servant à la taille des sarments. Une douille est disposée au milieu de cette lame pour recevoir un manche long de 20 à 25 centimètres.

Ventilateur. Appareil propre à nettoyer le grain en produisant un courant d'air qui sépare toutes les matières étrangères du grain et qui remplace avantageusement le vannage. Le ventilateur est indispensable dans toute exploitation rurale un peu étendue. On a adapté au ventilateur un appareil qui permet d'épurer d'autres graines que le blé, et notamment celles de trèfle et de luzerne.

CHAPITRE ONZIÈME

Animaux agricoles.

Les animaux entretenus sur une exploitation rurale, pour la culture des terres, le charroi, la production des engrais, du lait, de la graisse, et la reproduction des races, sont désignés sous le nom de gros et de petit bétail. Le premier se compose des espèces chevaline et bovine. Le second comprend les espèces ovine et porcine. Les bestiaux sont, en quelque sorte le fondement de l'agriculture, et sont la richesse du cultivateur. Celui-ci doit donc s'occuper à consulter la nature du sol dans le choix des races d'animaux qui doivent servir à son exploitation. Il ne doit pas moins apporter une attention judicieuse au choix des races qui peuvent le mieux prospérer sur son domaine, soit qu'il veuille les livrer à l'engraissement, soit qu'il veuille les destiner à la reproduction. A cet égard, et en tenant compte de ces règles générales, les circonstances locales doivent surtout servir de guide à l'agriculteur. (Voir les articles ci-après).

Bovines. L'espèce bovine est divisée en races de montagne, de vallée et de plaine : 1º *Races de montagne*. — Tête courte, front large, mufle gros, carré, muscles forts, saillants, côte relevée, poitrine descendue, corps court, ramassé, cornes grosses à la base, de couleur foncée, plutôt courtes que longues, saillies osseuses prononcées, peu de tendance à s'engraisser vite et dans la jeunesse. A ce groupe se rattachent, par leurs caractères et surtout par leur aptitude, les races de Salers, du Mont-Doré, du Cantal, d'Aubrac, de Gascogne, du Limousin, de la Camargue, etc. ; 2º *Races de vallée*. — Tête étroite et longue, mufle effilé, encolure plutôt mince et faible que courte et forte, fanon peu développé, corps long, arrondi, taille plus ou moins élevée, membres souvent hauts et grêles, entourés supérieurement de beaucoup de muscles, tendance marquée à un engraissement précoce. On peut placer dans ce groupe les races cottentine, garonnaise, de la vallée d'Auge, etc. ;

3º *Races de plaine*. — Elles participent, sous le rapport de la conformation des deux précédentes, et possèdent à un certain degré l'aptitude au travail et à l'engraissement. Elles comprennent : les agenaises de coteau, les charolaises, les nivernaises, etc. Dans le choix d'une race bovine, on peut rechercher exclusivement une disposition prononcée pour le travail, pour la production du lait, pour l'engraissement, ou même toutes ces dispositions réunies ; mais on doit remarquer que, si elles ne s'excluent pas absolument, aucune d'elles ne peut devenir très prédominante sans nuire aux autres.

Le taureau est apte à se reproduire, et peut être employé à multiplier son espèce depuis l'âge de 12 à 15 mois, jusqu'à 3 ou 4 ans. Plus tôt, il est trop jeune et trop faible; plus tard, il devient indocile et trop lourd. La taille devra être prise en considération. Dans une race donnée, il faut toujours choisir un taureau plus grand que la femelle ; mais s'il s'agit de croisement, il faut consulter surtout les aptitudes, et ne jamais prendre un taureau que dans une race meilleure. Quant à l'appareillement, il doit toujours être fait par conformité, et jamais, si c'est possible, par opposition ou contraste.

C'est aux dents et aux cornes que l'on connaît l'âge des bœufs. Le bœuf n'a pas de dents incisives à la mâchoire supérieure, il en a huit à l'inférieure, toutes larges en forme de palettes et rangées régulièrement. Il a douze molaires, six de chaque côté. Les dents du bœuf sont mobiles. Le trois dents incisives qu'a le bœuf sur le bord extérieur de la mâchoire inférieure, sont, dans leur jeune âge, appelées dents de lait ; à six mois, deux de ces dents de lait, celles du milieu, tombent et sont remplacées par deux autres plus larges et moins blanches; à dix-huit mois les deux plus voisines tombent à leur tour; la bête a quatre grandes dents; à trois ans, toutes les petites dents sont tombées et sont remplacées par de grandes. Les dents ne pouvant plus alors servir d'indication, ce sont les cornes qu'il faut consulter ; à la fin de la quatrième année, il se forme un bourrelet à leur base, et chaque année, depuis cette époque, il s'en forme un nouveau : de sorte qu'en ajoutant trois au nombre de ces bourrelets, qui sont faciles à distinguer, on sait l'âge de l'animal ; On dresse le bœuf au travail à l'âge de trois ans ; pour cela, on l'accoutume peu à peu à porter le joug et le collier, puis on l'accouple avec un bœuf de sa taille et déjà formé, le traitant avec douceur, lui donnant d'abord des fardeaux légers et augmentant peu à peu leur pesanteur. La nourriture du bœuf est très variée, et la quantité de sa ration journalière doit être déterminée par le plus ou moins de travail qu'on lui demande:

mais c'est toujours une économie mal entendue que de spéculer sur l'alimentation de cet animal.

Les vaches sont aptes à reproduire leur espèce de l'âge de 2 à 8 ou 10 ans ; plus tôt ou plus tard , elles donnent des veaux médiocres , moins de lait , et s'engraissent plus difficilement ; une lactation pressée par le régime altère le plus souvent leur santé de bonne heure, de même qu'elles ont à souffrir du travail pendant les chaleurs. Elles portent environ neuf mois, et ne font en général , qu'un veau. C'est après le deuxième et troisième vêlage, que les vaches donnent la plus forte proportion de lait. On en rencontre de meilleures laitières après six ou sept ans qu'auparavant. Les mamelles très grosses doivent être recherchées : elles accompagnent d'ordinaire un large développement du train postérieur. Les bonnes vaches laitières ont les mamelles recouvertes d'un poil fin, soyeux, court, rare. Du reste, la quantité de lait donnée par une vache ne dépend pas exclusivement des particularités de la conformation, elle est subordonnée à la quantité et à la qualité de la nourriture. Les signes de la chaleur chez les vaches sont faciles à reconnaître : elles font entendre de fréquents mugissements, leur vulve est gonflée et il s'en écoule une liqueur blanchâtre ; elles sautent sur les vaches, sur les bœufs, et même sur les taureaux. Il faut apporter un grand soin aux appareillements. Ceux dont on obtient de bons produits, consistent dans le croisement de la race agenaise et gasconne , soit en accouplant un taureau gascon avec une vache agenaise , soit en donnant un taureau agenais à la vache gasconne ; ce dernier croisement parait préférable, en ce qu'il donne des produits plus aptes au travail. On accouple aussi avec la vache gasconne ou agenaise des taureaux de la race auvergnate de Salers. Les veaux que l'on veut élever ne doivent pas téter longtemps. Une séparation brusque nuit au sujet et à la mère : on doit ménager une transition, ce qui est facile. Le régime après l'allaitement doit être réglé en vue d'un accroissement rapide et du développement des forces. Les veaux mangent beaucoup ; leur ration doit être proportionnellement plus forte que celle des bœufs. Les bouvillons destinés à l'engrais son châtrés vers douze ou quinze mois , et quelquefois plus tard ; ceux qu'on réserve pour le travail sont bistournés après 1 an. Les étables doivent être suffisamment éclairées, et il faut que les bestiaux y trouvent assez d'espace et d'air. Une hauteur de 3 à 4 mètres sous plancher, une largeur de 1 mètre 1/3 au râtelier pour chaque bœuf; et de 4 mètres à 4 mètres 1/2 dans la longueur du corps, sont des dimensions suffisantes. L'ouverture de l'étable doit être de préférence au

levant ; le sol doit être plus élevé que celui qui entoure les bâtiments ;
la porte doit avoir 2 mètres de large, afin que les bœufs accouplés puissent sortir facilement. En été , les croisées doivent être garnies d'un
chassis de canevas. Pendant les grandes chaleurs, l'un des battants de la
porte devra rester ouvert et remplacé par une claie , pour donner de l'air
à l'étable, ou du moins elle sera coupée en deux , de manière à ce que
la partie supérieure puisse être laissée ouverte. Il est des pays où il n'y
a qu'une auge ou mangeoire devant les bestiaux; mais il vaut mieux qu'il
y ait une mangeoire et un râtelier. On doit enlever les fumiers tous les
10 ou 12 jours, et tous les matins les presser dans un trou creusé dans
l'étable derrière les animaux, et les remplacer par une litière fraîche.

Chevalines. Les races chevalines sont divisées en races du midi et
races du nord. Les races du midi sont : la navarrine , la limousine ,
l'auvergnate, les races de la Camargue, du Morvan, et la poitevine. Les
races du midi se distinguent par une taille moyenne, des formes sèches ,
la peau fine , le tempérament sanguin, la vivacité de caractère, l'énergie,
la souplesse dans les mouvements. La *race navarrine* , qu'on trouve
dans les parties montueuses des départements pyrénéens, se reconnait au
cachet arabe dont elle est imprégnée. Sous une apparence assez mince et
chétive, on retrouve l'énergie, le courage et toutes les qualités du cheval
de selle ; souple, ardent et dur à la fatigue , il s'entretient facilement et
vit longtemps. — *Race limousine*. Le cheval limousin est le cheval de
selle par excellence ; souple, liant, cadencé dans ses mouvements, il réunit à ces brillantes qualités celles du cheval de service, car il est sobre,
courageux et d'un fonds inépuisable , capable d'atteindre un âge très-
avancé ; il est bon, dit-on, jusqu'à la corde. — *Race auvergnate*. Les
chevaux de l'Auvergne ont les qualités et les défauts des chevaux de montagne ; ils manquent de taille, mais ils sont vifs , pleins d'énergie , de
souplesse; ils supportent la fatigue et s'entretiennent facilement. —
Race de la Camargue. Les chevaux de la Camargue sont petits, et on ne
peut guère leur reprocher que leur manque de taille. Ils ont un cachet
de sang oriental que leur ont donné les chevaux arabes laissés dans le
midi par les Africains lors de leur invasion au VIIIe siècle. Quelques essais tentés pour améliorer cette race et lui donner de la taille, ont eu
de bons résultats. — *Races du Morvan*. Le cheval morvan est trapu ,
ramassé comme le cheval breton, mais plus distingué que lui ; il est sobre,
docile, et doué de beaucoup de fond. — *Race poitevine*. On trouve dans
la race poitevine une grande quantité de belles poulinières remarquables

par leur taille et leur forte constitution, et des chevaux d'une santé saine et vigoureuse, et fort durs au travail. Ces chevaux indiquent par leur conformation l'importation qui a été faite dans le Poitou, à une époque éloignée, des étalons normands et danois. On connaît la réputation des mules du Poitou, qui servent en partie à l'approvisionnement de nos contrées méridionales et de l'Espagne. Indépendamment de ces diverses races élevées dans le midi de la France, il en est d'autres qui prennent leur nom des provinces où on les élève.

Un beau cheval est celui dont toutes les parties sont également proportionnées. Ainsi, la tête ne doit pas être trop longue, le dos et les reins ne doivent pas avoir non plus trop de longueur. Si les jambes du cheval sont trop courtes, le cheval butte, il forge, et souvent est en danger de s'agenouiller ; si elles sont trop hautes, il trotte sous lui, et le train de derrière ne peut chasser celui de devant. Le poitrail doit être large dans les chevaux destinés à traîner de lourds fardeaux ou à labourer les terres. Le ventre trop large ou ventre de vache, quand en même temps les flancs sont creux et les côtes plates, peut faire craindre la pousse. Le ventre de lévrier annonce que le cheval se nourrit mal. De la conformation des parties antérieures et postérieures du cheval dépend l'allure du cheval. Cette conformation influe aussi sur sa santé. L'âge du cheval se reconnaît à ses dents incisives, occupant la partie antérieure de la mâchoire, six à la mâchoire inférieure et autant à la supérieure. Les deux du milieu se nomment pinces ; les deux autres de chaque côté des pinces se nomment mitoyennes ; les deux dernières, coins. Vers l'âge de trois ans, les pinces de lait sont remplacées par les pinces adultes. A trois ans et demi, les mitoyennes adultes sont formées ; à quatre ans et demi ou cinq ans, les coins le sont également. Les pinces de la mâchoire inférieure *rasent* à six ans, les mitoyennes à sept, les coins à huit. Les pinces de la mâchoire supérieure *rasent* à neuf ans, les mitoyennes à dix, les coins, de onze à douze ans. A treize ans, toutes les incisives sont arrondies ; à quatorze ans, les pinces inférieures ont une apparence de triangularité ; à quinze ans, les pinces sont triangulaires ; à seize ans, les mitoyennes le sont aussi ; à dix-sept ans, triangularité complète de toutes les incisives inférieures ; à dix-neuf ans, aplatissement complet. Après cette époque, les indices deviennent si fugitifs qu'il est inutile de s'attacher à les observer. La force du cheval varie suivant sa taille, son âge ou sa race. Cet animal est un des plus utiles pour les travaux des champs ; il est remarquable par sa force, sa docilité et son intelligence. Ce n'est guère qu'à trois ans qu'on commence à le faire travailler ; cependant, dans quelques localités, on essaie de le soumettre à des travaux légers dès qu'il a atteint dix-huit mois ou deux ans. On remarque ainsi qu'il devient plus docile et plus adroit. L'époque la plus convenable pour châtrer un cheval est lorsqu'il est parvenu à l'âge de deux ou trois ans. Le cheval châtré prend le nom de cheval *hongre*. On nourrit communément les chevaux avec du fourrage et des grains. Les fourrages qu'on leur donne sont ordinairement le foin des prairies artificielles ou naturelles, la paille de froment, d'orge et d'avoine ; les grains sont : l'épeautre, l'orge, le sarrasin, le maïs, l'avoine, les féverolles. Mais c'est l'avoine qu'on leur donne plus généralement et qu'ils mangent avec avidité après qu'ils ont bu ; le son est aussi fort bon pour les chevaux. Outre ces aliments, on peut donner encore aux chevaux des racines, telles que des carottes, des betteraves, des pommes de terre crues ou cuites.

L'étalon peut commencer à saillir à l'âge de 4 ou 5 ans, selon la précocité des races, et continuer jusqu'à l'âge de 15 ans et plus. Aux deux extrêmes de leur carrière, les étalons exigent plus de ménagement, doivent faire des saillies moins fréquentes que dans la période de leur plus grande activité, de puissance réelle, c'est-à-dire de 5 à 10 ans. Les étalons doivent être dans un état de santé parfait, et sans aucune des tares ou défauts que la génération reproduit. Un étalon commun bien entretenu peut faire, pendant 3 ou 4 mois consécutifs, deux ou trois, et même quatre saillies par jour ; un cheval pur sang ou de demi-sang n'en doit pas faire plus de deux. L'étalon, dont tout le service consiste à concourir temporairement à la reproduction de l'espèce, doit être soumis à un bon régime, et faire un exercice modéré qui ne lui occasionne pas de la fatigue, mais assez suivi pour exciter convenablement la fonction et prévenir l'excès d'embonpoint. La ration journalière doit se composer de 3 à 4 kilogrammes de bon foin, 12 à 20 litres d'avoine, selon la race et la taille, 5 à 6 kilogrammes de paille. Il est bon de n'y faire entrer ni fourrage vert, ni farineux, ni son, ni aucun des aliments qui relâchent la fibre, disposent à la graisse, augmentent le volume du ventre et la sécrétion intestinale.

La jument poulinière est propre à donner de bons produits depuis cinq ans jusqu'à douze. Pendant cette période elle peut être fécondée chaque année ; elle doit avoir une bonne santé, une bonne conformation, un bassin relativement développé. Son influence sur le produit se retrouve surtout dans la taille et le tronc. Les chaleurs de la poulinière se manifestent au printemps. La poulinière qui a conçu peut et doit travailler jusqu'au moment de la parturition ; mais il est bien entendu que le travail doit être proportionné à l'état des femelles. Une jument qui allaite et qui porte en même temps un fœtus, ne peut travailler beaucoup et doit être bien nourrie. L'alimentation, sans être nécessairement de choix, doit être bonne et abondante, sans toutefois provoquer l'engraissement. La jument qui va mettre bas doit être surveillée et avoir une bonne litière. Au moment de la parturition, et pendant les quelques jours qui la suivent, elle est couverte et placée dans une écurie paisible, soustraite aux courants d'air, au froid, &. Elle reçoit des aliments légers, farineux, des boissons blanchies, tièdes. On doit veiller à la propreté, au pansage, s'assurer que les mamelles sont en bon état et contiennent du lait.

Le mulet est le produit de l'accouplement de l'âne et de la jument. Cet animal est robuste, sobre et très fort; il a le pied sûr. Quoique infécond, le mulet manifeste des appétits vénériens très énergiques, ce qui le rend quelquefois dangereux, il faut donc toujours le châtrer. Il est employé au service du bât, de la selle ou du tirage. La mule est le produit femelle de l'accouplement de l'âne et de la jument; elle a la même conformation que le mulet; mais en général, elle est plus petite, plus souple, plus délicate, plus docile, plus adroite et un peu moins robuste. Ses allures sont plus vives et plus relevées. Généralement elle est employée aux mêmes travaux que le mulet. Les mulets du Poitou sont plus étoffés, ceux de Gascogne plus élevés et plus minces, ceux du Centre et du Dauphiné, avec moins de taille et de volume, ont une conformation plus régulière, il sont plus commodes pour le service du bât, et conviennent peut-être mieux pour les travaux des champs.

L'âne, quoique bien inférieur au cheval pour ses formes, lui est supérieur par sa force relative, sa sobriété et sa patience. Dans les terres légères, il traîne la charrue et transporte à dos de pesants fardeaux. Il coûte peu à nourrir. Il est susceptible de faire des marches longues et rapides; les services de l'âne ne sont pas aussi brillants que ceux du cheval, mais ils ne sont pas moins utiles. Cet animal peut vivre jusqu'à trente ans. L'ânesse, femelle de l'âne, peut rendre à l'agriculture autant de services que le mâle. L'ânesse fait ses plus beaux ânons de sept à dix ans; elle porte onze à douze mois; accouplée au cheval, elle produit un animal appelé bardeau. L'ânon bien soigné, croît rapidement; il peut être sevré vers six à sept mois. C'est vers l'âge de deux ans qu'on peut commencer à l'utiliser. Le bardeau, sobre et robuste comme le mulet, pourrait le remplacer dans les travaux des champs et pour le service du bât dans les contrées montagneuses très pauvres en fourrages où les animaux n'ont pas besoin de tant de force.

Les écuries doivent être aérées, tenues proprement, et assez spacieuses pour que chaque cheval puisse y occuper 1ᵐ 50ᶜ, afin que chacun y mange, s'y couche à l'aise et y soit convenablement soigné. Le sol des écuries doit être exempt d'humidité et préservé de toute mauvaise odeur. Toutes ces dispositions importent essentiellement à la santé des animaux qui y habitent.

Ovines. Les races ovines sont nombreuses, et beaucoup d'entr'elles présentent des variétés qui se modifient chaque jour par les soins de l'homme et par les croisements. On les distingue, soit par la présence ou l'absence des cornes chez les mâles, soit le plus souvent par les caractères de la laine, qui est longue ou courte. La première catégorie a pour type la race dishley; la deuxième, la race mérinos; à ce dernier type, on peut ajouter celui de Mauchamp. —*Races à laine courte*. Taille variable, mais généralement peu élevée, toison fournie; laine de 6 à 15 centimètres de longueur, plus ou moins fine, spiralée, propre à la carde; tempérament plus robuste, craignant la chaleur, plus prolifique, plus apte à la transhumance, c'est-à-dire à l'émigration périodique, qui fait passer les troupeaux, sous la conduite de leurs bergers, durant les mois les plus chauds, des plaines dans les pâturages des montagnes. Cette race redoute l'humidité et une nourriture trop aqueuse; elle se plaît dans les pâturages élevés et est propre au parcage. A cette catégorie se rattachent les races du Roussillon, des Pyrénées, de la Provence, de la Sologne, du Berry, de Southdown, de Dorset, Cheviot, Norfolk, &. — *Races à laine longue*. Taille généralement forte; toison moins tassée; laine moins fine, longue de 15 à 35 centimètres, propre au peigne et à la fabrication des étoffes unies; tempérament plus délicat, redoutant davantage la chaleur et moins l'humidité; plus exigeante pour la quantité et la qualité de la nourriture; impropres à la transhumance; accroissement plus rapide; s'entretenant bien à la bergerie, et moins disposées à parquer. A cette seconde division appartiennent les races de Dishley, de Kent, Lincoln, Costwold, Shetland, flamande, picarde, &. La *race de Mauchamp* est remarquable par sa toison qui se compose d'un poil long, soyeux, non spiralé, très doux et d'une grande finesse. Il y a généralement avantage à rechercher dans les bêtes ovines une aptitude prononcée à donner une laine fine et abondante, à s'engraisser vite et de bonne heure; mais ces résultats ne peuvent être obtenus qu'autant que les animaux sont placés dans des conditions favorables. Il y a rarement avantage, dans les circonstances ordinaires, à exagérer

4.

une qualité ; de même, il peut être nécessaire, dans un pays où les pâturages sont médiocres ou mauvais, de se borner à élever des moutons robustes et sobres, mais dont la toison n'est point fine.

Le choix d'un bélier destiné à la reproduction est très important, soit sous le rapport de l'amélioration des formes du corps, soit sous celui de l'aptitude à l'engraissement, de la finesse et du poids de la toison. Les béliers ne doivent être accouplés avec la brebis qu'à une époque, afin que les agneaux naissent en même temps. La monte se fait alors à la main. Le bélier est retenu dans une loge séparée où on lui mène successivement les brebis à mesure qu'elles sont en chaleur. Cette méthode est préférable à celle d'abandonner le bélier au milieu du troupeau, où il se fatigue inutilement et où il ne peut saillir que trente à quarante brebis, tandis que par la monte à la main il peut en saillir soixante et quatre-vingts. Les béliers antenais, c'est-à-dire les agneaux de un à deux ans, peuvent donner de beaux produits, mais ils ont besoin d'être ménagés ; en général, il ne convient de les donner aux brebis que lorsqu'ils ont atteint l'âge de un an à 18 mois, bien qu'ils puissent engendrer plus tôt. Il est indispensable de priver des facultés génératrices par le bistournage ou par l'ablation des testicules l'animal qui doit être engraissé. La brebis est généralement plus délicate, moins robuste que le mâle ; elle a des formes plus grêles, plus exiguës ; elle exige aussi plus de soins. Les brebis portent cinq mois. L'époque de la monte doit être combinée, quand on ne destine pas les agneaux à la boucherie, de manière à ce que ceux-ci naissent vers le temps où le pâturage peut offrir des ressources pour la dépaissance. La brebis devient apte à se reproduire dès l'âge de 8 à 9 mois. Les brebis n'exigent des soins particuliers qu'après l'agnelage. La parturition est ordinairement simple, et souvent double dans certaines races, quelquefois triple. Si l'on s'aperçoit qu'une brebis est en travail, il faut la séparer des autres, et, pendant les premiers jours de l'agnelage, on réunit ainsi, dans une loge spéciale, les brebis-mères et leurs agneaux. On ne peut laisser qu'un ou deux agneaux à une nourrice ; les autres doivent être donnés à des marâtres, sacrifiés ou allaités artificiellement. Les agneaux commencent à manger à l'âge d'un mois. La castration des mâles s'opère à l'âge de un à deux mois, en même temps on coupe la queue des femelles à trois ou quatre pouces de leur naissance. Le sevrage n'a pas lieu avant l'âge de quatre mois. L'âge du mouton se reconnaît à ses dents. Il n'a pas de dents incisives à la mâchoire supérieure, mais bien huit à la mâchoire inférieure, lesquelles se divisent en pinces, premières et deuxième mitoyennes et coins. A la fin de la deuxième année, les pinces de lait tombent et sont remplacées par les pinces adultes ; à trois ans les premières mitoyennes tombent à leur tour ; à quatre, les deuxièmes, et les coins à cinq. L'usure du bord des dents sert ensuite à reconnaître l'âge ; à cinq ans il est usé aux pinces ; à six, aux premières mitoyennes ; à sept, aux secondes ; à huit et neuf, aux coins ; mais ces signes deviennent alors difficiles à saisir exactement. On peut, à quelques signes extérieurs, distinguer le bon ou mauvais état des moutons : la tête basse, le regard triste, une toux fréquente, la faiblesse, le tremblement des membres, un bêlement plus fréquent et plus faible, la cessation de la rumination, les gencives et la veine pâles, les diverses parties du corps dégarnies de laine, décèlent un état maladif. Les bêtes faibles ne suivent le troupeau que de loin ; au contraire, celles qui sont vigoureuses marchent à la tête, l'œil vif, le front haut, la bouche vermeille, les membres agiles, la laine fortement adhérente à la peau, la chair rougeâtre, le jarret vigoureux. D'après les mœurs et les goûts de ces animaux, la meilleure nourriture pour eux est certainement celle des pâturages ; c'est donc dans les lieux qui leur en présentent de plus abondants et où ils peuvent pâturer aux champs une plus grande partie de l'année, qu'il est plus avantageux de les entretenir ; mais tous les pâturages ne sont pas également bons : les uns sont trop humides, et ils engendrent plusieurs maladies qui font de grands ravages ; les autres sont trop arides ; les meilleurs sont ceux des terrains légers et secs, élevés et en pente ; ils offrent surtout une nourriture excellente à l'époque où les herbes dont ils sont garnis approchent de la floraison ou commencent même à fleurir. Dans l'hiver la nourriture des moutons se compose de fourrages secs, de la paille des céréales, des tiges des plantes légumineuses, et en outre des légumes et racines. Enfin, on leur donne encore des grains, du son et des tourteaux. Mais comme ces aliments sont de nature et de qualités différentes, qu'ils sont plus ou moins substantiels, il est fort important de les distribuer avec discernement.

Les races ovines perfectionnées ont une toison abondante et d'une finesse supérieure ; le mérinos l'emporte sur toutes les autres. La laine est plus fine et plus tassée dans les points où la peau se fait remarquer par son peu d'épaisseur. Une nourriture abondante et grossière fait produire une laine dure et grossière. Il ne faut donc fournir à l'animal que la nourriture nécessaire à ses besoins ; par là on obtient une laine fine, souple, élastique, et qui ne perd rien de sa force, de sa ténuité et de son poids, en même temps que l'animal conserve sa rusticité. La partie mitoyenne et inférieure des côtes, l'épaule et le flanc fournissent la laine la plus belle, soit pour la finesse, soit pour l'égalité du brin ; la laine des reins et celle de l'épine du dos, se distinguent souvent entr'elles par une différence de finesse, à l'avantage de cette dernière ; mais toutes deux sont inférieures à celles de l'épaule et du flanc; la qualité va en diminuant depuis le garrot jusqu'à la croupe, et devient de plus en plus médiocre à mesure qu'on s'approche de la queue. La tonte se fait chaque année au printemps : plus tôt pour les moutons adultes que pour les antenais, pour les animaux destinés à parquer, pour les produits du croisement des longues laines avec les mérinos. Les animaux, ainsi privés d'une enveloppe épaisse et chaude, sont plus sensibles au froid ; il faut donc choisir, pour faire la tonte, un temps doux et assuré, et ne pas exposer les moutons, immédiatement après, à la pluie et à la rosée du matin et du soir. On ne doit jamais mêler la laine des bêtes malades ou mortes avec les autres toisons. La tonte se fait quelquefois avant ou après l'époque indiquée pour les animaux atteints de maladie.

Les bergeries doivent être spacieuses, élevées, bien éclairées, aérées. Les ouvertures doivent être nombreuses plutôt que très grandes, placées à la partie supérieure et aux côtés opposés pour établir une courant d'air. Les râteliers et les crèches sont fixés le long des murs et un peu penchés en avant. Les crèches doubles sont placées au milieu de la bergerie et servent à former les divisions. Une loge est reservée séparément pour les brebis qui mettent bas et pour les jeunes agneaux.

Porcines. Les races porcines sont aussi variées, aussi nombreuses que celles des autres animaux domestiques, et leurs caractères distinctifs souvent difficiles à déterminer. On peut les ranger dans cinq catégories principales : 1° type oriental ou de Siam ; 2° type anglo-Chinois : il a sa source dans le cochon de Siam ; 3° métis ; 4° type à soies blanches ou mêlées ; 5° type de taille élevée. Le porc étant uniquement destiné à la boucherie, il est rationnel de rechercher la race dont l'engraissement est le plus rapide et le plus précoce ; cependant on doit se guider sur le mode d'entretien et le régime que l'on se propose d'employer. Pour la reproduction de ces diverses races, la truie doit être grande par rapport à la taille de la race à laquelle elle appartient ; elle doit de plus être bien constituée, avoir le corps long, des membres grêles, l'abdomen et le bassin développés, les mamelles nombreuses, les soies douces et fines, de la disposition à l'engraissement, et être âgée d'un à quatre ans. La truie est apte à se reproduire de 5 à 6 mois ; ses chaleurs sont prononcées et n'ont pas besoin d'être provoquées ; elle peut faire au moins deux portées par an, l'une de novembre en mars, l'autre de mai en septembre. La gestation dure de 110 à 120 jours. Pendant ce temps les femelles n'ont besoin d'aucun soin particulier. Dès qu'elles deviennent trop lourdes pour aller dans les champs, il faut les retenir à la porcherie et les surveiller au moment de leur mise-bas, pour protéger les petits et les soustraire à la voracité de la mère qui les tue ou les mange quelquefois ; on peut éviter cet inconvénient en lui fournissant quelques jours avant le part, une nourriture surabondante. On conseille aussi de frotter les nourrissons de substances amères non irritantes , telles que la coloquinte. La truie qui a accouché doit être bien nourrie. On lui donne des farineux, des racines. Si le nombre des petits excède celui des mamelons, on sacrifie l'excédant. Les cochons non châtrés ou verrats jouissent très jeunes de la faculté de se reproduire ; mais c'est de l'âge de huit ou dix mois qu'ils y sont le plus propres. Plus tôt , ils sont trop jeunes et s'épuisent en pure perte ; plus tard, ils deviennent méchants et difficiles à engraisser. Le verrat doit descendre d'une race précoce et apte à l'engraissement ; avoir du poids , relativement à son âge, sans être en état de graisse. Le verrat est prolifique ; lorsqu'il est bien entretenu , il peut faire, sans se fatiguer, quatre à six saillies par jour , pendant toute une période de monte. Le meilleur procédé pour prévenir l'épuisement et assurer la fécondation, est de placer le mâle et la femelle ensemble dans un endroit écarté et tranquille pour les réunir de nouveau , si on le croit utile. Le verrat ne réclame d'autres soins que d'être bien logé et bien nourri. On doit le châtrer avant de le soumettre à l'engraissement.

Les cochons se nourrissent d'herbes et de toutes sortes de racines. Ils sont aussi carnivores, et les débris de cuisine les mettent bientôt en chair. On peut mettre à l'engrais les cochons de huit ou dix mois , et à l'âge de dix-huit mois ou de deux ans, ils donnent une chair tendre et délicate et de beaux lards. Aussitôt qu'ils sont à l'engrais , on supprime tout aliment vert et aqueux et on les nourrit avec des fèves, de l'orge, des pois, des haricots et surtout du maïs. On leur donne aussi des pommes de terre bouillies qui les engraissent très bien. Pour relever leur appétit, on leur fait prendre un peu de fleur de soufre et d'antimoine, qui les purge légèrement. Les vesces, loin de contribuer à l'embonpoint, maigrissent les cochons.

L'habitation des porcs ou porcherie, doit se composer d'une cour avec réservoir d'eau, d'un abord facile et de toits à porcs ou loges. La dimension des loges est subordonnée au volume, au nombre et à la destination des animaux. Plusieurs cochons soumis ou non au régime de l'engraissement peuvent être placés dans la même loge ; mais on doit toujours tenir dans des loges séparées la truie et le verrat. Les toits à porcs doivent être toujours en état de propreté , bien aérés ; le sol doit en être sec , et la litière renouvelée avec soin.

Volailles. Les volailles sont un produit important de la basse-cour. Il faut donc préparer à ces utiles animaux un logement convenable , ni trop froid, ni trop chaud , ni trop humide ; trop froid, les femelles n'y pondent pas ; trop chaud ou trop humide , il engendre des maladies. L'exposition du levant et celle du midi sont celles que l'on doit préférer. On y ménage un jour au nord pour donner de l'air pendant l'été, et rafraîchir la température intérieure. On doit ménager dans ce logement un réduit à mue pour servir de retraites au couveuses , et contre les murs duquel sont disposées des épinettes pour les volailles à l'engrais. Il est très avantageux pour les volailles d'avoir un lieu où elles puissent se mettre à l'ombre sous des arbustes , se rouler dans la poussière et se chauffer aux rayons du soleil ; là elles pâturent, elles cherchent des vers ; une pièce de gazon, un bassin rempli d'eau leur font aimer cette retraite, en même temps qu'ils contribuent à donner à leur chair un goût succulent. Le canard domestique est de tous les oiseaux de basse-cour celui qui produit le plus et coûte le moins. Il exige peu de soins et tout lui est bon pour sa nourriture. Mais il faut mettre de l'eau à sa disposition. On les engraisse en les gorgeant avec des grains de maïs crus ou bouillis ; on les gorge soit avec la main soit avec un entonnoir en fer-blanc. Les dindons n'exigent des soins que dans les premiers temps de leur jeunesse. Plus tard, le dindon s'accommode du régime de la basse-cour, vit confondu avec les autres volailles et habite le même juchoir. Quand les froids arrivent et qu'ils ont atteint l'âge de six mois , on les engraisse. Un mâle suffit à douze femelles , il peut servir six ou sept ans , mais il est bon de ne les garder que pendant trois ans. Les oies se nourissent avec toutes sortes de graines , et aussi avec toutes sortes de légumes cuits et détrempés ; avec du son dans l'eau tiède, avec des feuilles de chicorée et de laitue hachées. L'engraissement des oies est facile ; on y parvient en quelques semaines avec de l'orge, mais mieux encore avec du maïs. Chaque oie exige environ un quart d'hectolitre de cette graine. C'est ordinairement au mois de novembre que l'on commence l'engraissement. Un seul mâle suffit à huit ou dix femelles et il peut même en féconder davantage sans être fatigué. La femelle , lorsqu'elle n'est pas interrompue pour la couvaison peut faire de suite 40 à 50 œufs. Lorsqu'elle commence à garder le nid plus long-temps que de coutume , on met sous elle 14 ou 15 œufs ; près d'elle on place de l'orge détrempée et un grand vase d'eau, et on l'abandonne ainsi à elle-même. Lorsque toute la couvée est sortie, on rend les premiers venus à la mère, et les autres successivement. De l'orge grossièrement moulue , du son , des remoulages détrempés et cuits dans du lait, des feuilles de laitue ou de betterave hachées, des croûtes de pain bouillies dans du lait, forment la première nourriture des oisons. Les poules se nourrissent le plus communément avec du grain. On y emploie les grains de qualité inférieure ; l'avoine , l'orge , les criblures de blé , de seigle , de sarrasin ; elles recherchent d'ailleurs et mangent avec avidité les vers, les insectes. Une autre nourriture qui peut avec beaucoup d'économie être distribuée aux poules , ce sont les pommes de terre qu'elles mangent avec avidité. Mais pour en tirer un profit véritable , il faut les faire cuire, les écraser ensuite et les donner en cet état , ou seules ou mélangées avec du son , avec des plantes potagères également cuites, ou avec des lavures de vaisselle. La ponte des poules commence en février, et se prolonge jusqu'au moment où elles commencent à couver. Les unes donnent un œuf tous les jours ; plus ordinairement elles en donnent un tous les deux jours ; la plupart n'en donnent que tous les trois jours. Après quelque temps d'interruption , la ponte recommence vers la fin de l'été ; mais elle réussit moins bien et n'a que peu de durée ; et si l'on veut pousser la ponte jusques dans l'hiver, il faut avoir recours à une chaleur artificielle et administrer en même temps une nourriture échauffante. La poule manifeste son envie de couver par l'assiduité avec laquelle elle se tient sur le nid et par un certain gloussement particulier. Alors on lui prépare son nid et on y place douze à quinze œufs. C'est le vingt-et-unième jour de l'incubation que le poulet commence à remuer et à faire des efforts pour sortir de sa coquille. On laisse les poussins éclos dans le nid, échauffés par la chaleur de la poule ; ils n'ont pas alors besoin de manger ; le lendemain seulement on leur donne des miettes de pain trempées dans du lait et du vin et de l'eau fraîche très pure ; on les tient chaudement enfermés pendant cinq ou six jours , en les alimentant avec de l'orge bouilli, du millet, quelques herbes potagères hachées ; on peut ensuite les laisser sous la conduite de leur mère. Un coq peut suffire à plusieurs poules pour la fécondation ; mais comme un seul de ses actes féconde toute une ponte, un seul coq suffit pour vingt-cinq poules : dès l'âge de trois mois il commence à montrer son ardeur pour les femelles, et sa vigueur dure trois ou quatre ans; à cinq ans, il est bon de lui donner un successeur.

C'est dans les années froides et humides qu'il périt un plus grand nombre de petits, que leur éducation, par conséquent devient plus difficile. Il s'agit alors, dans ces années-là, de les garantir autant qu'il est possible de l'influence de l'atmosphère, en les tenant plus longtemps enfermés et en les nourrissant d'aliments propres à échauffer et à fortifier, tels que : le chenevis , le sarrasin , l'avoine, la mie de pain trempée dans du vin associé avec des œufs. Si l'année pèche , au contraire , par une sécheresse jointe à de vives chaleurs, la volaille est exposeée aux maladies inflammatoires ; il faut retrancher alors toute nourriture échauffante , donner une plus grande quantité de relâchants , comme racines, laitue , choux, poirée, son bouilli dans l'eau, lait pur ou caillé.

CHAPITRE DOUZIÈME.

Pronostics.

Les pronostics ou signes tirés de l'état de l'atmosphère, des animaux ou des végétaux, peuvent servir aux cultivateurs à prévoir le temps. L'art de juger d'après les pronostics repose sur des observations nombreuses et anciennes.

Pronostics tirés de l'état de l'atmosphère. Etoiles sans clarté dans un ciel sans nuages : signe d'orage.

Eclairs, le soir, près de l'horizon sans aucun nuage : beau temps et chaleur.

Tonnerre du soir, amène l'orage ; tonnerre du matin, la pluie.

Pluie qui fume en tombant, annonce qu'il pleuvra longtemps et abondamment.

Les nuages qui, après la pluie, descendent près de terre, sont un signe de beau temps.

Brouillard après le mauvais temps promet le retour du beau temps.

Mais le brouillard qui survient pendant le beau temps et qui s'élève et forme des nuages, promet du mauvais temps.

Ciel moutonné indique du vent en été, de la neige en hiver.

Horizon sans nuages, aucun souffle de vent, ou le vent du nord, signe de beau temps.

Après le vent, gelée blanche qui se dissipe en brouillard, annonce le mauvais temps.

Quand les odeurs se font sentir plus fortement, la pluie est prochaine.

Les vents qui commencent à souffler pendant le jour, sont beaucoup plus forts et durent plus longtemps que ceux qui commencent à souffler pendant la nuit.

La gelée qui commence par un vent d'est dure longtemps.

Vallon clair et montagne obscure, la pluie est sûre.

Montagne claire, Bordeaux obscur, pluie à coup sûr,

Bordeaux clair, montagne obscure, le temps se rassure.

Si la bise vient du couchant , la pluie arrive incontinent.

Quand rouge est la matinée, pluie ou vent dans la journée.

Brune matinée, belle et claire journée.

Si l'arc-en-ciel paraît la matinée, du laboureur il finit la journée.

Brouillard qui ne tombe pas, donne de l'eau bientôt en bas.

Petite pluie abat l'autan, et donne grain et vin souvent.

La lune pâle fait la pluie et la tourmente.

La lune argentine, temps clair; et la rougeâtre, le vent.

Quand la lune se fait dans l'eau, deux jours après le temps est beau.

La lune est périlleuse au cinq, au quatre, six, huit, et vingt.

A l'hiver, s'il est en eau, succède un été bon et beau.

Pendant les glaces de l'hiver, ne faut les terres cultiver.

Neige qui tombe en temps qu'il faut, c'est or qui tombe, et son prix vaut.

Quand le carnaval est sans lune. de cent brebis ne reste qu'une.

Pronostics tirés des animaux. Les chauves-souris en grand nombre , ou volant plus longtemps qu'à l'ordinaire , promettent pour le le lendemain un jour chaud et serein.

Le cri de la chouette dans le mauvais temps , le chant du corbeau le matin, annoncent le beau temps.

Les canards et les oies voletant çà-et-là, criant et se plongeant dans l'eau par un beau temps ; les abeilles s'écartant peu de leur ruche , ou revenant en foule et avant la nuit à la ruche sans être entièrement chargées; les pigeons rentrant tard au colombier ; les oiseaux gazouillant ensemble, s'appelant pour se rassembler; les hirondelles rasant la surface de la terre et de l'eau , annoncent la pluie prochaine

Quand les moucherons se rassemblent avant le coucher du soleil , et forment une colonne en tourbillonnant, ils annoncent le beau temps.

Si les mouches piquent et deviennent plus importunes qu'à l'ordinaire, elles annoncent l'orage.

La pluie menace si les grenouilles croassent plus qu'à l'ordinaire, si celles-ci sortent le soir en grand nombre de leurs trous , si les vers de terre paraissent à la surface du sol, si les bœufs et les dindons se rassemblent.

Ce serait ici le cas de rapporter les pronostics que l'on observe sur les végétaux ; mais on trouvera sur ce sujet, dans les ouvrages de physiologie végétale, à l'article des plantes météoriques , tous les détails désirables.

DEUXIÈME PARTIE.

—

HORTICULTURE.

—

CHAPITRE PREMIER.

Plantes potagéres.

L'horticulture est l'art de cultiver les plantes dans les jardins, et d'obtenir des produits que l'agriculture en grand ne pourrait donner. Cette culture exige beaucoup de soins et de travail. Sa base consiste principalement dans les abris, les arrosements, le choix des expositions, les engrais, les couches chaudes et la taille. C'est l'horticulture qui alimente les villes de fruits et de légumes, et qui fait ainsi la richesse des sols qui les environnent. On distingue les jardins potagers, fruitiers, et d'agrément. Le jardin potager est destiné à la culture des légumes, dont les produits peuvent devenir l'objet d'un assez fort revenu. Autant que possible, le jardin potager doit être abrité et placé au bas d'un coteau, à l'exposition du levant, de manière à pouvoir être arrosé par les eaux des sources. Les cultures s'y font à la bêche, et elles exigent pour prospérer l'emploi d'engrais abondants. (V. les articles ci-après).

Ail. Espèce d'oignon, composé de plusieurs petites gousses qu'on nomme caïeux, réunies sous une enveloppe commune. Cette plante se plaît dans une terre douce, susbtantielle, un peu chaude, et pas humide. L'ail se plante en novembre et en mars ; c'est par ses gousses qu'on le multiplie ; il se sème à 10 centimètres de profondeur et à 10 de distance. On le récolte en juillet lorsque ses tiges se fanent. Pour le conserver, on le lie en petites bottes, après l'avoir fait sécher au soleil.

Arrosage. L'arrosage, en été, est indispensable ; l'eau doit être donnée avec abondance, mais toujours après le coucher du soleil. En automne, les arrosements doivent diminuer, pour cesser en hiver. Outre les eaux claires, on emploie aussi pour arroser des eaux de fumier, des eaux croupies ou auxquelles on a mêlé des substances propres à exciter la végétation ; mais on ne doit employer ces arrosements qu'avec ménagement, pour éviter les inconvénients qui pourraient en résulter.

Artichaut. Plante potagère qui porte des têtes en forme de gros chardons. Les terres qui conviennent le mieux aux artichauts, sont les fortes et pierreuses, exposées au midi, et fournies de sucs abondants ; ils viennent encore plus promptement dans une terre légère et sablonneuse qui a beaucoup de fond. On reproduit l'artichaut au moyen d'œilletons qu'on tire des anciens pieds. Cette opération se fait en avril. Si on a le soin de ne les laisser manquer ni d'eau, ni de binages, ils produisent dès l'automne ; mais au printemps suivant ils donnent abondamment, pour continuer ainsi pendant 3 ou 4 ans, époque à laquelle il faut les renouveler. Les artichauts se buttent en novembre, pour les préserver de la gelée, à laquelle ils sont très sensibles.

Asperge. Plante potagère que l'on cultive pour ses turions ou jeunes pousses. Cette plante demande des terrains sablonneux, légers, mais fortement amendés. L'asperge se reproduit de deux manières : de plant ou de graine, à l'automne ou au printemps. Le plant, que l'on nomme griffes ou pattes, est déposé à deux pieds de profondeur, sur des planches de quatre pieds de largeur dont le terrain a été bien préparé. Voici comment on procède : après avoir disposé les fossés de manière à bien faciliter l'écoulement des eaux, on forme dans le fond un lit de fumier ou d'engrais que l'on recouvre d'une couche de terre légère, bien amendée et rendue sablonneuse par une addition de sable. Dans toute la longueur de la planche on trace trois lignes à égale distance, et de 50 centimètres en 50 centimètres, on forme de petits monticules de terreau. On place ensuite sur chacun une griffe d'asperge, en ayant soin d'arranger les racines tout autour, et l'on recouvre le terrain de 10 centimètres environ de terre bien amendée. Si ce sont des graines qu'on met en terre, au lieu d'un monticule on fera un trou peu profond, l'on en mettra deux ou trois dans chacun et l'on ne recouvrira le semis que de 3 centimètres de terreau. Dans le cas où toutes les graines lèveraient, on devrait avoir le soin de n'en laisser qu'une , en coupant le collet au tronc de celles qu'on veut détruire pour ne pas ébranler celle qui doit rester. Avec les soins ordinaires, un carré d'asperges commence à produire au printemps; cependant, cette plante est du nombre de celles qu'on soumet au régime des primeurs pour la faire produire dès le mois de janvier. On se procure des asperges précoces, soit en couvrant de fumier et de litière les carrés ordinaires , soit en disposant en avant et à l'abri d'un mur , au midi , un carré d'asperges que l'on couvre l'hiver et que l'on découvre quand le temps est beau. Les tiges des asperges ne peuvent être cueillies qu'à la troisième année. Jusque-là , il faut en surveiller la culture avec soin, faire opérer des sarclages et des arrosements au printemps, déposer du fumier sur les planches, et recouvrir d'une nouvelle couche de de terre bien ameublie. Avec tous ces soins , un plant peut durer 15 années, et donner d'abondantes récoltes.

Aubergine. Plante potagère qui porte des fruits d'une forme allongée et de couleur violette. On sème d'ordinaire l'aubergine en février ou mars, sur couches sous baches, pour les mettre en place lorsque les gelées ne sont plus à craindre. On choisit toujours une exposition au midi. Ce fruit est très estimé pour la table.

Betterave. Plante potagère et annuelle , dont la culture s'est généralisée dans ces derniers temps à cause de ses racines , qui sont une bonne nourriture pour les bestiaux, et à cause de la partie sucrée que renferment ces mêmes racines. La betterave se multiplie de graines ; on la sème clair; elle demande une terre bien amendée. On doit les éclaircir si elles lèvent trop épais. On les sème en automne , et on en récolte la graine au mois d'août. La betterave se mange en salade , après avoir été cuite au four ou bouillie.

Câprier. Arbuste épineux qui s'élève de 4 ou 5 pieds. Il croît dans les terrains secs et pierreux ; il se multiplie de graines, de boutures et d'éclats de racines. Les graines se sèment au printemps ; la multiplication par éclats se pratique à la même époque ; les boutures, au contraire, se font en automne avec les plus belles tiges partagées en tronçons de 30 centimètres, et enfermées en terre de 25 centimètres au moins. L'hiver, on les recouvre de paille ou de fougère. Après un an ou deux passés dans la pépinière, on les met en place, et elles donnent des produits au bout de quatre ans. C'est la meilleure manière de multiplier le câprier. On le cultive pour ses fruits, que l'on cueille avant leur maturité pour être confits dans du vinaigre et servir aux usages culinaires.

Cardon. Variété de l'artichaut, qui s'élève jusqu'à deux mètres, et qu'on cultive pour ses racines et pour les côtes épaisses de ses feuilles, dont on fait un mets, que l'assaisonnement rend assez bon. Ses fleurs ont la vertu de faire cailler le lait. Pour cela, on les détache des pommes qu'on laisse venir pour graine et on les fait sécher à l'ombre pour les employer au besoin. Cette plante se cultive comme l'artichaut.

Carotte. On ne cultive qu'une seule espèce de carotte : la *carotte commune*. Cette plante demande une terre profonde, substantielle et surtout parfaitement meuble ; elle ne craint pas un sol un peu gras, s'il n'est pas pierreux, et vient en général dans tous les terrains qui ne sont pas compactes. On sème la graine à la volée sur une terre bien préparée. Les soins ordinaires sont les arrosages, les sarclages, l'éclaircissement du plant et la chasse des insectes et limaçons. La récolte se fait dans tous les temps au fur et mesure des besoins. Aux approches de l'hiver, on arrache celles qui sont restées en terre, et on les conserve en les rangeant, couche par couche, dans un lieu sain et à l'abri du froid, en les entremêlant d'une couche de sable ou de paille. La graine de carotte se conserve trois ans ; celle de l'année est généralement préférée.

Céleri. Plante potagère. On la multiplie de graines, de janvier en juin, en la semant sur couche. On lève le céleri, et on le replante en pleine terre, sur une planche de quatre pieds de large, dont la terre doit être bien amendée : on laisse entre deux planches pleines une planche vide sur laquelle on met des laitues ou de la chicorée. On doit beaucoup arroser le céleri pendant l'été ; lorsqu'il est assez fort pour le faire blanchir, on le lie de 3 liens de paille par un temps sec ; on le butte avec la terre de la planche qu'on a laissée vide de chaque côté, et on coupe l'extrémité. Le céleri se mange en salade et cuit de différentes manières.

Cerfeuil. Plante potagère dont les feuilles ressemblent assez à celles du persil, mais plus grande. On le sème sur planches et en rayons, ou bien en bordure ; on peut en semer tous les mois pour en avoir toute l'année. Lorsqu'il est grand, on coupe les feuilles pour lui en faire pousser de nouvelles. On doit bien faire sécher les graines pour les conserver.

Chervis. Plante potagère dont la racine charnue et sucrée se mange comme la scorsonère. On sème la graine, au printemps, à la volée ou en rayons. Des sarclages, des arrosements fréquents favorisent la croissance de cette plante, dont les tiges coupées après la première année pour faire grossir les racines, sont données à manger aux moutons et aux bœufs , qui en sont fort avides. La récolte des racines a lieu , la seconde année , au mois de novembre et pendant tout l'hiver. La graine mûrit en septembre et octobre ; celle de la seconde année est préférable.

Chicorée. Plante potagère, nommée aussi *Endide et Escarolle*. On sème la graine de chicorée au printemps , et si l'on veut en avoir en toutes saisons, on en sème tous les mois. On en fait de grandes planches de 5 à 6 pieds de large, pour les replanter au cordeau ; on doit avoir le soin d'éclaircir le plant quand il lève trop épais ; il a besoin d'être souvent arrosé et sarclé. Comme les chicorées craignent beaucoup le froid , on doit les couvrir avec du fumier sec.

Chou. Plante potagère dont il existe plusieurs variétés : le chou cabus ou pommé, à feuilles lisses et ordinairement glauques ; le chou de Milan pommé à feuilles cloquées et généralement d'un vert foncé ; le chou vert ou sans tête ; les choux à racine ou tige charnue ; enfin les choux-fleurs ou les brocolis. Les uns et les autres exigent une terre bien préparée et bien engraissée ; mais il ne faut y employer que des fumiers bien consommés. La terre doit être plutôt légère que forte , un peu ombragée, ce qui est surtout essentiel pour les semis de printemps et d'été, car les choux se sèment en février , en mars et au mois d'août , pour être transplantés ensuite en ligne sur des planches disposées à cet effet , et à la distance de 25 à 30 centimètres entre chaque tige. Cette transplantation se fait d'ordinaire par un temps calme et même pluvieux , et doit être suivie , dans le commencement, de plusieurs arrosements. Les choux à racines charnues, tels que le chou-navet, le chou turneps , le chou de Laponie, le chou rutabaga, navet de Suède, peuvent être cultivés de la même manière.

Ciboule. Espèce d'ail. La ciboule annuelle se sème tous les quinze jours depuis le printemps jusques au milieu de l'été. La ciboule vivace se plante en bordure et forme de larges touffes dont les feuilles doivent être souvent coupées. La ciboule se multiplie de graines ; on l'éclaircit quand elle lève trop épais ; en la replantant, on en met quatre ou cinq ensemble pour faire une touffe : on les sarcle, et on peut les laisser trois ou quatre ans dans leurs planches.

Concombre Plante potagère qui produit des fruits allongés presque cylindriques, et qu'on cueille verts pour les faire confire dans le vinaigre. L'espèce de concombre que l'on prépare ainsi est plus connue sous le nom de cornichon. Le concombre se cultive en pleine terre et ne demande presque aucun soin, mais il aime la chaleur et l'eau. On se procure la graine en laissant des fruits de choix sur pied, jusqu'à ce qu'ils pourrissent. La graine se conserve longtemps.

Courge. Plante qui a donné son nom aux cucurbitacées : ce genre contient un grand nombre d'espèces et de variétés, parmi lesquelles on distingue le potiron, la citrouille, la pastèque et le giraumout. On en sème la graine sur place dans des trous garnis de fumier ou de terreau. Ce semis se fait du 15 avril au 15 mai. Cette plante demande de fréquents arrosages. Ce fruit est cultivé en vue de l'alimentation de l'homme et des bestiaux.

Cresson. Plante qui croît dans les eaux vives et qu'on mange ordinairement en salade. Quand on veut former une cressonnière, on creuse un petit fossé, on sème ou on y plante du cresson ; on y dirige l'eau, d'abord en petite quantité, et puis, quand le plant a pris assez de force, on augmente la quantité d'eau, mais de manière à ce qu'elle ne dépasse pas la hauteur du plant.

Echalotte. Plante bulbeuse du genre de l'ail. Elle aime une terre légère et craint l'humidité. On plante ses bulbes, en choisissant les plus petits, dans le courant de mars, à la distance de 6 à 15 centimètres, dans une terre bien préparée et bien fumée, à une bonne exposition. On fait la récolte des échalottes au mois d'août, lorsque les tiges sont desséchées. On les expose au soleil, on les débarrasse de leurs fanes et de la terre qui peut les entourer, et elles se conservent ainsi pendant tout l'hiver dans un lieu sec et aéré.

Eclaircir. Lorsqu'on sème trop épais les graines des plantes, les plants qui en proviennent s'affament mutuellement et se privent de l'influence utile de l'air et de la lumière ; la plupart périssent, et ceux qui restent ayant perdu l'avantage d'une végétation vigoureuse dans les premiers temps de leur existence, languissent pendant toute leur vie. Pour éviter cet inconvénient on les éclaircit en arrachant les pieds les plus maigres et les plus près les uns des autres Il vaut mieux cependant semer clair que d'être obligé d'éclaircir.

Epinard. Plante potagère dont on mange les feuilles. On peut semer les épinards tous les mois, afin d'en avoir toute l'année ; mais c'est surtout pour l'automne et pour l'hiver qu'on se réserve cette récolte La graine se sème en rayons écartés de 15 à 20 centimètres, dans une terre un peu fraîche, bien fumée et bien travaillée ; elle demande à être arrosée pendant les sécheresses. Les sarclages et les binages favorisent la croissance de la plante. On récolte la graine au mois de mai , quand la fleur est passée , sur les semis faits en hiver.

Laitue. Plante de la famille des chicoracées, dont il existe trois espèces principales : 1º la laitue non pommée ou de printemps ; 2º la laitue romaine ou d'été ; 3º la laitue pommée ou d'hiver. Les laitues de printemps se sèment en mars sur couches, dans un bon abri et se replantent en avril ; celles d'été se sèment à la même époque, mais on en prolonge le semis jusqu'en juillet. Les laitues d'hiver se sèment à partir du 15 août jusqu'au 10 septembre, et se replantent à la fin d'octobre ; on les préserve des gelées ou des neiges en les couvrant de litières ou de paillassons que l'on ôte dès que le temps le permet. Les laitues aiment une terre franche, légère et substantielle ; la seule précaution à prendre pour la transplantation des pieds consiste à ne pas trop plomber la terre autour des racines.

Melon. Plante de la famille des cucurbitacées, dont il existe trois variétés principales : 1º le melon brodé ou commun ; 2º le melon cantaloup, remarquable par son écorce toute recouverte de protubérances ; 3º le melon à écorce unie, mince et à grandes graines. Les melons se multiplient de semences. Les melons brodés ou communs se cultivent en pleine terre. Les melons cantaloups se cultivent aussi en pleine terre. Les melons à écorce unie sont moins cultivés que les autres. On sème les melons en décembre. Les melons hâtifs se sèment sous cloches en février. La culture des melons exige une terre bien préparée et bien fumée , des sarclages et des buttages.

Navet. Plante potagère de la famille des crucifères. On sème le navet, dans les jardins potagers , sur planche , au mois de juillet , pour en avoir l'automne et l'hiver ; on doit semer la graine un peu clair ; quand la graine est levée, on éclaircit le plant , on sarcle les mauvaises herbes : on ne doit pas les laisser en terre lorsqu'ils sont en état d'être cueillis, de peur qu'ils ne deviennent durs. On les récolte ordinairement deux mois après les avoir semés.

Oignon. Plante de la famille des liliacées , dont il existe de nombreuses variétés. L'oignon aime un sable gras et humide, une terre légère et fraîche. Les engrais qui lui conviennent sont les terreaux ou les fumiers bien consommés ; les fumiers récents lui communiquent une âcreté et une saveur désagréables. On cultive les oignons au moyen de semis qui se font ou avant l'hiver , en les abritant durant cette saison , ou au mois de février ou de mars. Lorsque le plant a la grosseur d'une plume, on le repique dans une terre bien préparée, en le plaçant à 10 , 20 ou 25 centimètres de distance, suivant la grosseur qu'on veut obtenir. On forme ordinairement des planches sur lesquelles les oignons sont rangés symétriquement et de manière à pouvoir être facilement sarclés et arrosés. Le changement de la couleur des feuilles annonce la maturité de l'oignon. Lorsqu'ils sont entièrement desséchés , on arrache les oignons et on les laisse pendant quelque temps au soleil pour leur faire perdre l'humidité qu'ils peuvent contenir, après les avoir nettoyés de leurs racines et de leurs pellicules, et on les conserve , quand ils sont bien secs , soit dans un lieu à l'abri des variations de l'atmosphère , soit en les suspendant au moyen de leurs fanes formées en gerbes, de quatre rangées de six oignons chacune, réunis par des liens de paille, soit en les étendant sur le plancher ou sur des claies.

Oseille. Plante dont il existe plusieurs espèces. On multiplie l'oseille de semence et par le déchirement des vieux pieds. On sème la graine au printemps ou en été. La multiplication par le déchirement des vieux pieds se fait en automne. Une terre légère, substantielle et profonde est celle qu'on doit préférer. On récolte la graine à la fin de l'été , et les feuilles en toute saison.

Patate. Plante tuberculeuse, vivace , de la famille des liserons. La terre préparée pour la patate doit être de nature substantielle, mais légère, très ameublie, en y mêlant un engrais consommé en terreau. Pour se procurer le plant, on commence par faire germer les tubercules, puis on élève les parties garnies de plusieurs germes, quand les tiges qu'ils ont données ont atteint une longueur de 15 à 20 centimètres. On les plante alors vers la fin du mois de mai ou les premiers jours de juin, à 1 mètre de distance les unes des autres, en ligne. On creuse à cet effet une petite fosse, on y dépose la tige de manière à ce qu'il y ait trois ou quatre nœuds d'enterrés, et que le sommet de la tige et quelques feuilles restent seuls à découvert. On bine, on sarcle la patate comme les autres plantes tuberculeuses. La récolte se fait en septembre ou en octobre, en arrachant les tubercules pour les transporter dans un lieu sec où ils doivent être conservés. On évitera de les accumuler en gros tas.

Persil. Plante de la famille des ombellifères. Le persil commun est bisannuel ; il préfère les terres fraîches et légères ; il se reproduit de lui-même. Si on veut le faire durer plus de deux ans, il faut couper ses tiges avant qu'elles ne fleurissent. Quand on veut semer le persil, on le sème au printemps au mois de mai.

Poireau. Plante potagère du genre ail. On sème le poireau, tantôt avant l'hiver, tantôt après, lorsque les gelées ne sont plus à craindre, mais toujours à une exposition chaude. On repique le plant à 15 centimètres de profondeur, et pour faire grossir la tige on coupe ordinairement les feuilles. On les serfouit de temps en temps, et on les arrose en temps sec.

Pourpier. Plante potagère. Il en existe deux espèces qui fleurissent tout l'été. On les sème à la fin d'avril ou au commencement de mai, à une exposition chaude. La graine qui est fort petite se sème épais ; si on la sème en pleine terre, il faut avoir le soin de remuer un peu la terre pour la faire entrer.

Radis. Plante de la famille des crucifères, dont il existe plusieurs variétés du genre raifort. Les radis aiment une terre légère, profonde et bien préparée. Ils demandent des arrosements fréquents, surtout en été. On les sème en tout temps. Pour obtenir des radis bien ronds, il faut que le sol soit bien piétiné avant de semer, soit en couches, soit dans des petits trous espacés de 10 à 12 centimètres, dans lesquels on met trois graines et qu'on recouvre de terre. On laisse monter les premières semées pour avoir de la graine. Les petites raves se cultivent de la même manière.

Raiponce. Plante potagère. On la sème au printemps , à la volée et fort clair, laissant aux pluies ou aux arrosements le soin de l'enterrer ; elle aime une terre ombragée et bien préparée et exige des sarclages en automne et des binages en hiver. Les racines et les feuilles ont une saveur agréable.

Salsifis. Plante de la famille des chicoracées. Elle aime une terre légère, profonde, un peu fraîche et en bon état de fertilité. On sème la graine de salsifis à la volée après la gelée, puis on éclaircit le plant ou on le repique. Pour donner à ses tiges plus de saveur et une couleur blanche qui les rendent plus agréables, on les étiole en chaussant la plante avec de la terre jusqu'à la moitié de sa hauteur, ou en la couvrant avec des pots percés aux deux extrémités, les sommités des tiges sortant par l'extrémité supérieure du pot.

Scorsonère. Salsifis noir qu'on sème en avril ou mai ; on peut même le semer plus tard et jusqu'en août. Cette plante aime une terre humide , et des engrais très consommés. Dès qu'elle a poussé trois ou quatre feuilles, on l'éclaircit , laissant 8 ou 10 centimètres de distance entre chaque pied ; on donne ensuite un binage, et l'on répète cette opération plusieurs fois pendant la jeunesse de la plante. On arrose pendant les grandes chaleurs et on coupe les tiges qui montent pour les empêcher de fleurir. Elle se récolte au printemps et au mois de novembre en l'arrachant, et on la conserve dans les serres à légumes en la stratifiant avec du sable. Les pieds conservés pour la graine doivent de préférence être laissés en place en les abritant avec soin pendant l'hiver. La graine se récolte le matin , lorsqu'elle se montre hors de son calice, et on la conserve dans un sac pour la renfermer dans un lieu sec.

Serfouette. Outil de jardinage en fer, formé de deux branches pointues toutes deux du même côté , et réunies par une douille à laquelle s'adapte un manche. On s'en sert pour remuer la terre autour de petites plantes potagères, comme chicorée, laitues , &.

Souchet. Plante de la famille des cypéracées, dont il existe de nombreuses espèces. Le souchet comestible est cultivé pour les tubercules féculents qui terminent ses racines et qui sont bons à manger. Une terre friable et sablonneuse est nécessaire à cette plante. Deux mois après avoir été plantée elle donne sa récolte. On peut fabriquer avec ses tubercules un orgeat excellent.

Spilanthe. Plante de la famille des radiées, connue sous les noms de cresson de Para, cresson du Brésil. On la sème au printemps, sur couche ; dès qu'elle est assez forte, on la repique à une bonne exposition, et on lui donne des arrosements abondants.

Tomate. Plante la famille des solanées. Le semis de la tomate doit se faire avec soin en hiver. On repique ensuite le plant au printemps aussitôt que les gelées sont passées, à une bonne exposition ; et au moyen de quelques arrosements on obtient une grande quantité de fruits. On en obtient jusqu'à la fin de l'automne.

Topinambour. Plante tuberculeuse de la famille des radiées. Cette plante, qui se cultive comme la pomme de terre, s'accommode de tous les terrains. Elle n'exige, à la rigueur, ni façons ni engrais, et n'a plus besoin d'être replantée quand elle occupe un terrain. Les tubercules peuvent rester longtemps dans la terre, la gelée ne les altère même pas. On doit les conserver dans un lieu frais. Cette plante est cultivée dans certains pays pour la nourriture des animaux et comme plante potagère pour celle des hommes.

CHAPITRE DEUXIÈME.

Arboriculture.

L'arboriculture a pour objet la culture des arbres en général. Il est de la plus grande importance pour le cultivateur d'en multiplier les plantations. Peu importe qu'il plante des arbres à fruits ou des essences forestières ; l'essentiel est qu'il couvre sa propriété de plantations bien entendues, en consultant la nature des terrains auxquels il les confie.

La végétation des arbres commence par la germination. Les organes étant formés concourent simultanément à l'accroissement de l'individu , et bientôt la végétation présente tous ses caractères. La racine absorbe les sucs séveux que la circulation transporte dans les feuilles où s'effectuent la respiration et la transpiration ; la sève , reportée ensuite dans toutes les parties où se font la nutrition et l'élaboration , fournit les matériaux de l'accroissement et des sécrétions. Dans certaines périodes de la vie du végétal, naissent de l'extrémité des rameaux, de l'aisselle des feuilles, des fleurs de volume et de forme excessivement variées , dans lesquelles, à la suite d'une fécondation plus ou moins évidente, se forme le corpuscule reproducteur ou le fruit qui contient la graine , et dont le développement, appelé germination , doit reproduire le végétal. Tel est l'ensemble des phénomènes de la végétation. Toutefois, ils ne composent pas d'une manière complète le cercle dans lequel se trouve renfermée la vie de l'espèce : une partie de la tige, une branche, un bourgeon, un bulbe , &, placés dans de bonnes conditions , se développent et donnent naissance à une plante nouvelle. La végétation n'est point continue ; les élaborations de la sève ne s'effectuent que sous l'influence de la chaleur et de la lumière ; la circulation et la respiration éprouvent des intermittences. Chaque année , il est une saison où les phénomènes végétatifs sont nuls ou presque nuls ; c'est le temps du repos des plantes pendant lequel presque toutes se dépouillent de tout ou partie de leurs feuilles.

Les arbres aux sommets des montagnes exercent sur l'atmosphère une influence qui se fait sentir sur toute une contrée. Autour des plaines en culture, ils brisent l'impétuosité des vents, ils entretiennent une température plus égale, retardent l'évaporation de l'humidité, et préviennent le desséchement de la surface du sol. (V. les articles ci-après.)

Affaissement. Une terre remuée s'affaisse ordinairement d'environ 2 centim. par 33. On doit avoir égard à cette circonstance dans la plantation des arbres. Les terres nouvellement desséchées s'affaissent aussi plus ou moins, selon la nature du sol.

Aménagement. L'aménagement comprend l'action de régler les coupes, le repeuplement et la réserve d'un bois ou d'une forêt. L'aménagement doit avoir pour base la qualité des essences dont le bois se compose, la nature du sol, l'âge auquel on peut régler les coupes, et les moyens de repeuplement. En tenant compte de toutes ces circonstances, la coupe d'un bois doit avoir lieu vers l'époque à laquelle il cesse de s'élever et de grossir. Mais, en terme moyen, on peut fixer à 15 ans l'époque de l'exploitation. La coupe des bois a lieu depuis le mois d'octobre jusqu'en avril. Dans toutes les coupes, on est dans l'usage de réserver quelques arbres des plus beaux, de l'espèce la plus précieuse, qu'on nomme baliveaux. Leur nombre est réglé à 30 par hectare. L'exploitation de ces baliveaux a lieu d'ordinaire à l'âge de deux coupes. La coupe des bois se fait avec la scie appelée passe-partout, ou avec la hache ou cognée. C'est cette dernière méthode qui est le plus communément employée.

Aoûter. Terme d'arboriculture employé quelquefois comme synonyme de mûrir. C'est à ce moment que les branches des arbres fruitiers peuvent être coupées pour les boutures et les greffes à œil dormant. L'aoûtement peut être provoqué et précipité par la chaleur, par la ligature ou l'incision annulaire, et par l'oblation de l'extrémité des rameaux, ce qui a lieu le plus ordinairement.

Baliveau. Arbre réservé dans les bois taillis au moment de leur coupe et destiné à croître en futaie. Les baliveaux sont dits de l'âge, modernes ou anciens, selon qu'ils ont été réservés pour la première, la deuxième ou la troisième fois. Ceux de l'âge doivent être choisis parmi les sujets de brin ou de semence, et toujours parmi les arbres les plus sains et les plus vigoureux. Les baliveaux modernes sont pris parmi les baliveaux de l'âge réservés à la coupe précédente ; les anciens sont de même choisis parmi les modernes qui ont atteint trois âges, et ce choix doit toujours se porter sur les arbres les plus gros et les mieux venants.

Bourgeon. Jeune pousse de la plante, que l'on désigne assez communément du nom d'œil, quand il ne s'offre qu'en germe sur la branche; de bouton, quand il est déjà développé et porté sur une tige ligneuse encore tendre; de bourgeon, quand il est plus développé et s'offre comme une jeune branche naissante non encore ligneuse, renfermant les prémices des feuilles et des fleurs. L'œil est un petit tubercule qui sort de l'aisselle des feuilles, plus ou moins de temps après leur développement, et qui devient bouton en automne et bourgeon au printemps suivant. La feuille est nécessaire au développement de l'œil; elle en est la mère nourricière. L'œil périt infailliblement lorsqu'on arrache la feuille avant la fin de la première sève, c'est-à-dire avant le mois d'août; et ce n'est qu'au moment de la chute des feuilles qu'il a acquis assez de force pour se nourrir uniquement de la sève de l'arbre. C'est avec des yeux qu'on greffe en écusson. Le bouton est recouvert de gomme, de résine, d'un duvet cotonneux, &, qui le préserve du froid et de l'humidité. Les boutons à bois sont ovales et pleins; les boutons à feuilles sont allongés et minces; enfin, les boutons à fruits sont courts, gros et arrondis. Dans les espèces qui portent le fruit sur le bourgeon de l'année, on augmente le nombre et le volume de ces fruits et on hâte leur maturité en coupant l'extrémité des bourgeons.

Bourrelet. Le bourrelet est toujours le résultat de la stagnation de la sève descendante; aussi se développe-t-il toujours au-dessus de l'incision ou de la ligature. C'est un renflement arrondi et plus ou moins considérable qui se forme sur le tronc et sur les branches des végétaux herbacés ou ligneux, après une incision circulaire, une ligature, ou même sans cause apparente.

Bouture. Les boutures sont des rameaux vivaces portant un ou plusieurs bourgeons, et qui, plantés en terre ou plongés dans l'eau, poussent des racines et des branches, et deviennent de nouveaux individus. Toutes les plantes se reproduisent par bouture, mais avec plus ou moins de facilité. Dans beaucoup de végétaux, les feuilles, pourvu que le pétiole et le coussinet aient été bien conservés, les racines mêmes peuvent être bouturées. Le succès du bouturage dépend surtout du choix intelligent de la terre à laquelle on confie la bouture. Il existe, du reste, plusieurs modes de procéder à cette opération; mais, de quelque manière qu'on

procède, il faut, avant de mettre la bouture en terre, la dépouiller de
toutes ses feuilles, couper le plus court possible la partie qui est hors de
terre, l'arroser souvent mais sans excès. Le bouturage se fait au printemps, au moment où la végétation va reprendre son activité, excepté
pour les arbres résineux, pour lesquels il a lieu en automne. Le bouturage est préférable au semis, en ce qu'il conserve mieux les espèces et
les variétés, et donne un produit plus prompt. La position oblique et un
peu recourbée est favorable à la reprise des boutures. Il faut éviter, s'il
est possible, de les enterrer au plantoir, parce que cet instrument tasse
la terre en faisant le trou, ce qui est un grand inconvénient dans les terres compactes, qui, se durcissant facilement, permettent peu aux jeunes
racines qui naissent des boutures de s'étendre et de se développer.

Branche. Division principale de la tige des plantes ligneuses et
sous-ligneuses. Les branches se divisent en rameaux et en brindilles qui
portent les feuilles et les fleurs. Elles naissent toujours des bourgeons;
leur arrangement à la surface de la tige dépendant de la position de
ceux-ci, elles peuvent être alternes, opposées, &. Relativement à leur
direction, elles sont dressées, pendantes, diffuses, volubiles, traînan-
tes, &. Leur organisation, leur vestiture sont les mêmes que celles des
tiges. Leur développement particulier est presque toujours proportionné
au développement des racines correspondantes. On appelle branche gour-
mande la jeune pousse de l'année qui ne doit porter ni fleurs ni fruits.
Ces branches, par leur vigueur, ne tarderaient pas à faire périr les
arbres, si l'on n'avait le soin de les couper ou de les tordre à leur extrémité.

Cépée. C'est une réunion de jeunes tiges qui poussent de la souche
d'un arbre après qu'elle a été coupée. Ces pousses, presque toujours
trop nombreuses, se nuisent et languissent; elles épuisent le sol et
lui enlèvent en pure perte une partie de ses sucs. Il faut avoir le soin de
débarrasser la tige-mère des branches superflues, et d'année en année,
à mesure que l'arbre grandit, retrancher celles qui deviennent nuisibles.

Chancre. Maladie des arbres, qui consiste dans la formation d'espèces d'ulcères qui attaquent les couches corticales et ligneuses du
tronc et des branches, ainsi que les feuilles et les fruits. Les causes de
cette maladie ne sont pas bien connues. Il n'y a d'autre remède que de
cerner l'écorce jusqu'au vif, ou si ce sont les branches qui sont atta-

5.

quées, les amputer complétement. Les chancres attaquent de préférence les vieux arbres et l'humidité favorise leur développement.

Cloque. Maladie des feuilles des arbres et principalement des feuilles de pêcher, qui les rend épaisses, difformes, raboteuses et en change la couleur ; elle cause l'avortement des fruits, la langueur et quelquefois la mort de l'arbre. Il faut laisser tomber d'elles-mêmes les feuilles attaquées, et attendre que la nature ait réparé insensiblement les pertes de l'arbre par de nouvelles pousses.

Coulure. Avortement des fleurs et des fruits, occasionné le plus souvent par des pluies trop fortes ou trop froides, par la violence ou le froid du vent, ou par une excessive chaleur. Mais la coulure peut aussi provenir d'un vice organique de la plante. En étudiant les effets de la coulure, on pourrait éviter cet accident par des abris, par la taille. L'incision annulaire est un des moyens d'empêcher la coulure lorsqu'elle résulte d'un vice intérieur.

Courbure. On courbe les branches qui s'élèvent avec rapidité verticalement, pour ramener la sève dans les branches inférieures et y favoriser le développement des fruits. Cette opération ne doit se faire que sur les sujets vigoureux et avec ménagement. La courbure des branches s'opère seulement au printemps, pendant que la sève s'élève, au moyen de poids suspendus à leur extrémité et qu'on enlève aussitôt que la sève a accompli son mouvement.

Déplanter. On peut déplanter en toute saison, mais on préfère l'hiver pour cette opération. En été, on risque que la sécheresse s'oppose à la reprise des plantes et des arbres. On doit, en déplantant, ménager autant que possible les racines et les conserver intactes en y laissant la terre qui y adhère. Le mieux serait même de les transplanter en mottes. Il est important de les laisser le moins possible exposées à l'air, il suffit souvent de très peu de temps pour occasionner la mort de l'arbre le plus vigoureux. Une heure de hâle ou de gelée frappant les racines, empêche la reprise de l'arbre. La déplantation et la replantation des arbres fruitiers qui sont trop vigoureux, a quelquefois pour effet de leur donner l'avantage de produire des fruits qu'on ne pouvait obtenir dans leur position primitive.

Drageon. Rejeton qui naît de la racine d'un arbre ou d'une plante, et qui, séparé de sa mère , peut être replanté quand il a acquis une force suffisante. Il est des arbres qui drageonnent beaucoup ; les arbres à bois mou sont dans ce cas. Les drageons des arbres fruitiers présentent l'avantage d'une multiplication plus prompte et dispensent de l'opération de la greffe, mais les arbres durent moins longtemps. Une pousse surabondante de drageons empêche les arbres fruitiers de porter des fruits ; on doit donc s'attacher à les détruire avec soin. On favorise la multiplication par rejeton en arrachant un arbre et laissant ses racines dans la terre , en séparant des racines principales , quelques-unes des racines secondaires, en blessant l'écorce des racines, ou enfin en mettant à l'air la portion de l'écorce de quelque racine.

Ebourgeonnement. Opération qui se fait en retranchant les bourgeons superflus des arbres fruitiers pour les soulager, les conserver et leur faire porter de plus beaux fruits. Cette opération est extrêmement délicate et doit être faite avec intelligence. Dans certaines localités on ébourgeonne la vigne.

Ecusson. On donne ce nom à de petits morceaux allongés d'écorce d'arbre , munis d'un bouton et destinés à être appliqués sur le bois d'un autre arbre du même genre ou du genre voisin pendant que la sève est en action, à l'effet de substituer une espèce ou une variété à une autre. L'action de lever ou de placer un écusson s'appelle écussonner ou greffer en écusson.

Effeuillage. Les arbres se nourrissant autant par leurs feuilles que par leurs racines, l'effeuillage est toujours une opération nuisible et à laquelle on ne saurait apporter trop de soin , soit en choisissant l'époque ou l'enlèvement des feuilles présente le moins d'inconvénient , c'est-à-dire lorsque la sève est montée, soit en coupant les feuilles avec l'ongle ou avec des des ciseaux au-dessous de leur pétiole , de manière à n'occasionner aucune déchirure ou aucune plaie par laquelle la sève pourrait s'évaporer.

Elagage. Cette opération consiste à couper les branches inférieures d'un arbre Quelquefois on pousse l'élagage jusqu'à enlever aux arbres la plus grande partie de leurs branches. C'est une mauvaise opération qui peut produire les plus fâcheux effets, tandis qu'un élagage convenablement exécuté peut être très utile.

Emplâtre. L'onguent de St-Fiacre , qui est un mélange de terre et de bouse de vache , est celui qui est le plus simple pour guérir les plaies des arbres. On emploie aussi avec succès l'emplâtre fait avec un boisseau de bouse de vache , un demi-boisseau de plâtre ou de débris de vieux bâtiments , un demi-boisseau de cendres de bois et la sixième partie de sable de rivière. On doit tamiser ces matières avant de les réunir et les bien mélanger avec une spatule en bois. Pour employer cette composition, on la délaie avec de l'urine ou de l'eau de savon, en lui laissant la consistance d'une bouillie un peu épaisse. On l'applique avec un pinceau sur la plaie, après avoir eu le soin d'ouvrir les bords de la coupure en arrondissant les bords de l'écorce. Afin que l'emplâtre sèche sans rien perdre par l'évaporation , on le saupoudre avec des cendres mêlées d'os brûlés pulvérisés. Les emplâtres agissent principalement sur les plaies en les privant du contact de l'air, en sorte qu'elles sont bientôt cicatrisées.

Espalier. Arbre dont les branches sont écartées en éventail et attachées contre un mur. On ne cultive ainsi que les arbres fruitiers , ceux surtout dont les fruits demandent beaucoup de chaleur pour venir à maturité ou dont les fleurs redoutent les gelées et les vents froids. L'espalier ne donne pas plus de fruits que le plein-vent ; il les donne généralement meilleurs et plus gros. L'exposition du levant et celle du midi sont considérées comme très bonnes. La direction du nord-est au sud-est est, dit-on, la meilleure. La hauteur et la couleur des murs ne sont pas indifférentes : une élévation de 2 à 3 mètres , une couleur très blanche ou brune, comme celle du pisé sont des conditions favorables. L'espalier ne doit jamais être abrité par d'autres plantes. Les arbres placés en espalier durent moins que ceux placés en plein vent. Au printemps , quand les bourgeons commencent à se développer et les fleurs à s'entr'ouvrir, on les protège contre les gelées blanches, par de légers paillassons ou de grandes toiles.

Etêter. C'est couper très près du tronc toutes les branches qui forment la tête d'un arbre. Les arbres que l'on étête ne portent ni fleurs ni fruits ; toute leur force végétative est employée à produire des jets que l'on coupe à des époques diversement éloignées pour faire des bois destinés à divers usages. Les arbres étêtés ont des racines moins fortes et bientôt ils sont frappés d'une carie qui les fait périr après un temps plus ou moins long. Cette opération est surtout nécessaire lorsque les arbres ont déjà un certain âge et qu'on est obligé de leur retrancher des racines.

On étête les vieux arbres fruitiers pour leur faire porter des fruits, mais cette opération ne réussit pas toujours.

Etranglement. On donne ce nom, en agriculture, au bourrelet qui se forme sur une branche qu'on a entourée d'un lien très serré. La laine est la meilleure matière qu'on puisse employer pour fixer les greffes ; mais quoique elle cède un peu à l'action du grossissement des sujets , il arrive souvent que ces sujets s'étranglent et que les greffes périssent. Pour éviter cet inconvénient, il faut avoir le soin d'enlever ces liens, quelque temps après que les greffes ont pris. On appelle cette opération délainer.

Excroissance. Sorte de tumeur ou loupe qui se développe sur le tronc ou les branches des arbres , le plus souvent résultant de coups ou de retranchements de branches ; les insectes en produisent souvent. Toutes les excroissances nuisent nécessairement à la vigueur et à la beauté des arbres. Quelquefois, on peut les extirper, surtout dans la jeunesse ; mais quelquefois aussi les efforts qu'on fait pour y parvenir ne servent qu'à accélérer leur grossissement ou a faire mourir le pied. Presque toujours, lorsqu'elles sont sur les branches , la suppression de ces branches doit être préférée comme plus sûre et moins dangereuse. Les variations qu'elles offrent dans leur forme et leur grosseur sont innombrables. Quelquefois, elles s'ulcèrent ; plus souvent, elles ne s'altèrent que lorsque le tronc l'est déjà.

Exposition. Un cultivateur doit toujours consulter avec soin l'exposition du sol, c'est-à-dire la manière dont il reçoit les rayons solaires pour la plantation des arbres. Toutes les cultures ne prospèrent pas également à toutes les expositions. La vigne, l'olivier, l'amandier , le pêcher, le figuier, l'abricotier, se plaisent au soleil du levant ou du midi , les arbres résineux préfèrent le nord. Indépendamment de l'aspect du soleil, il faut avoir égard aussi aux vents qui dominent dans la localité. Ceux de l'ouest sont le plus à redouter.

Feuilles. Organe appendiculaire des plantes formant des expansions planes, membraneuses, ordinairement vertes , naissant sur la tige et les rameaux ou seulement au collet de la racine. On les appelle pétiolées , quand elles tiennent aux rameaux par une queue ; sessiles , lorsqu'elles s'y attachent immédiatement. Elles sont opposées si elles se rangent sur la branche, les unes vis-à-vis des autres ; alternes , si elles sont placées alternativement d'un et d'autre coté de la branche. Les feuilles séminales sont celles qui sortent de terre au moment de la germination ; les feuilles florales , celles qui croissent dans le voisinage de la fleur ; celles qui tombent tous les ans sont annuelles ; enfin celles qui restent sur la tige jusqu'à la mort de la plante ou jusqu'à ce que elles périssent elles-mêmes par les intempéries, sont persistantes. Les feuilles concourent puissamment à l'existence de la plante ; ce sont elles qui absorbent dans l'atmosphère le gaz et les sucs humides utiles à sa nutrition pour les verser dans la circulation végétale. Elles servent en même temps d'exécrétoire pour faire sortir par leurs pores l'excès d'humidité, l'air ou les gaz nuisibles absorbés par la plante. Enfin, elles élaborent les sucs du végétal, et c'est en arrivant à elles que la sève ascendante se dépouille d'une certaine quantité d'eau surabondante et s'empare du carbone pour redescendre plus propre à servir de suc nourricier. Le développement des feuilles parait presque entièrement dû à l'action de la chaleur sur la sève contenue dans la racine et le tronc de l'arbre. Indépendamment de la chaleur , l'humidité exerce aussi une certaine influence sur l'épanouissement des bourgeons. Ce développement varie selon le climat , l'exposition et la nature de l'arbre. Les feuilles servant à la nutrition des plantes, ou retarde l'accroissement de celles-ci lorsqu'on les enlève au printemps ; le plus souvent même on les empêche ainsi de donner des fruits et quelquefois même on cause leur mort. Il suffit, pour retarder la floraison d'une plante de lui enlever ses feuilles au printemps, et c'est un moyen pour obtenir des roses tardives pendant l'été et pendant l'automne.

Floraison. L'époque de la floraison est variable selon les espèces et les conditions climatériques. Mais, en général , la floraison commence au printemps et se prolonge selon les espèces jusqu'à l'hiver. Beaucoup de plantes s'ouvrent et se ferment à certaines heures du jour et de la nuit; de là ce qu'on appelle le sommeil et la veille des fleurs. Il arrive quelquefois que les plantes, notamment les arbres fruitiers qui ont fleuri au printemps , fleurissent de nouveau en automne; mais cette apparente prospérité est nuisible ; car c'est d'ordinaire aux dépens des fleurs et des fruits de l'année suivante qu'elle a lieu , et quelquefois aussi aux dépens de l'existence de la plante qui périt après cet effort de fécondité.

Forêts. Il est nécessaire, quand on fait une plantation forestière, de mélanger diverses espèces d'arbres. L'expérience a appris, en effet, que les bois en massifs présentent une végétation plus belle lorsque les essences en sont mélangées que lorsqu'elles sont de la même espèce ; mais il faut toujours consulter la nature du sol, et ne cultiver ensemble sur le même terrain que les essences diverses auxquelles ce terrain est convenable. Les arbres , suivant leur nature , se divisent en bois blancs, bois durs et bois résineux. Parmi les bois blancs on compte : l'ypréau, le tilleul, le tremble, l'aulne, le peuplier, le bouleau, le saule. Les bois durs sont : le chêne , le frêne , l'orme , le châtaignier , le platane, le charme, l'alizier, le sorbier, l'érable, le coudrier ou noisetier, le noyer, le poirier sauvage, le pommier sauvage , le mérisier, le hêtre. Les bois résineux se composent de la famille des mélèzes , des pins et sapins. A l'article particulier à chacun de ces arbres, on trouvera les notions relatives à leur culture et à leurs produits divers.

Greffe. C'est l'action de transporter , d'insérer une jeune tige ou une portion d'écorce, pourvue d'un ou de plusieurs bourgeons, sur un autre individu , dans le but de réunir et de confondre en une seule plante ces deux êtres d'abord séparés. La greffe ne peut s'effectuer indistinctement entre tous les individus du règne végétal. Pour réussir, il faut qu'il y ait analogie de structure et coïncidence de végétation. La greffe change les espèces et les variétés des plantes ; ces effets se traduisent par les changements dans le volume, la longévité , l'époque de la végétation des plantes , &. Le sujet greffé prospère plus ou moins , selon qu'il y a plus ou moins d'analogie d'organisation entre lui et la greffe. Il existe plusieurs manières de greffer que l'on peut désigner sous les titres suivants : 1º *Greffe par approche*. Elle peut avoir lieu entre toutes les parties vivantes des tiges , rameaux, racines , fleurs, fruits, &. Elle consiste à mettre à nu, sur les deux parties correspondantes , les couches du liber et la surface de l'aubier, à rapprocher les deux individus et à les maintenir en contact à l'aide de matières agglutinatives ou de ligature. Lorsque la soudure est opérée , on coupe au-dessous de ce point celui des deux individus que l'on a voulu greffer , de telle sorte que l'autre devienne le sujet, tandis que le sommet de ce dernier est coupé au-dessus du point d'union. — 2º *Greffe par rameaux ou scions , ou greffe en fentes*. Elle se pratique à la fin de l'hiver ; on coupe transversalement le sujet, puis on fait, à sa partie supérieure, une petite entaille en fente dans laquelle on introduit la base du rameau aminci en biseau , de telle sorte que la zone de végétation du sujet corresponde exactement à celle d'un des côtés de la greffe ; on lie ensuite et l'on protège par un mélange agglutinatif. Il n'est pas indispensable de couper, avant l'insertion la tête du sujet; les rameaux peuvent être placés de côté, dans des fentes faites à l'écorce et à l'aubier. On greffe de cette manière sur les racines. — 3° *Greffe par bourgeons.* Elle consiste à enlever sur une branche de la plante à greffer un petit disque d'écorce portant à son centre un œil ou bourgeon latent, à enlever sur le sujet un disque semblable auquel on substitue le premier, et qu'on assujettit à l'aide d'un fil de laine. Ce mode prend le nom de greffe en écusson, et ceux des greffes à œil poussant et œil dormant, selon l'époque. Quand, au lieu d'un disque on laisse attaché autour du bouton un anneau d'écorce, l'inoculation prend le nom de greffe en flûte, en sifflet ou en tube.

La greffe est un auxiliaire puissant de la culture proprement dite; elle augmente le nombre des sujets utiles, et permet d'obtenir plus de fruits et des fruits meilleurs. Pour obtenir les meilleurs résultats de la greffe, il faut choisir les époques les plus avantageuses du mouvement de la sève, soit dans son ascension, soit dans son plein, soit dans sa descente, et employer beaucoup de célérité dans l'opération et de justesse dans l'union des parties, d'intelligence et d'activité pour faire tourner au profit de la réussite des greffes toutes les circonstances météorologiques qui peuvent leur être favorables, et pour neutraliser autant que possible celles qui peuvent leur être contraires.

Gui. Plante parasite qui croît dans les fissures de l'écorce des arbres, et qui présente sur leurs branches des touffes toujours vertes qui semblent y avoir été fixées par la greffe. Il épuise l'arbre auquel il s'attache, et le seul remède pour le délivrer de cet ennemi, est le plus souvent de couper la branche même sur laquelle il se trouve. On fait de la glu avec l'écorce de gui.

Incision annulaire. C'est une opération dont le but est de faire mettre à fruit des branches gourmandes, ou de modérer l'activité trop grande de la végétation. Elle se pratique en enlevant à une branche d'arbre ou à une tige de plante un anneau d'écorce plus ou moins large. Il est constaté par l'expérience que l'arbre ou la branche auxquels on a fait cette incision deviennent plus productifs; ils se chargent de boutons à fruits plus nombreux, et les fleurs qui naissent de ces boutons ne sont pas sujettes à la coulure. L'incision se fait avant la sève d'août et se renouvelle au printemps, s'il le faut; on est sûr alors de mettre l'arbre à fruit. Pour prévenir la coulureon, fait l'opération 7 ou 8 jours avant la floraison. On obtient aussi par ce moyen des fruits plus précoces. Il faut avoir soin, en enlevant l'anneau d'écorce, de ne laisser aucune partie du liber, et l'on proportionne la largeur de l'anneau à celle de l'arbre ou de la branche ; la plaie doit être guérie avant l'hiver, et une plaie trop large peut avoir des suites fâcheuses.

Lambourde. Petit rameau commun aux arbres à pépin et à noyau. ayant des yeux plus gros et plus près que sur les branches à bois, et qui jamais, dans les arbres de fruits à pépin, ne s'élève verticalement comme elles, mais qui naît d'ordinaire sur les côtés, et elle est placée comme en dardant. Les lambourdes des fruits à noyau donnent des fruits dans la même année ; celles des arbres fruitiers à pépin sont trois ans à se préparer à donner du fruit. Bien conduites et bien ménagées, les lambourdes assurent l'abondance des fruits pour les années suivantes.

Lèpre. Croûtes blanches qui naissent sur les feuilles et les bourgeons des arbres fruitiers, surtout des pruniers, des abricotiers et des pêchers. Elles font tomber les feuilles avant le temps, et nuisent, par conséquent. au bois et au fruit pour l'année suivante. La soustraction des parties affectées paraît le seul moyen à tenter pour se mettre à l'avenir à l'abri des ravages de cette lèpre. C'est au milieu et à la fin de l'été que cette maladie se montre.

Ligature. On lie les branches des arbres à la fin de l'hiver ou au milieu de l'été, pour provoquer la nouure ou le développement des fruits, ou pour hâter la formation des racines dans les marcottes et les boutures. Toutes matières propres à être contournées peuvent être employées à faire des ligatures. Quelle que soit la matière employée, l'essentiel est de lier les bouts des ligatures de manière à ce qu'elles ne se défassent pas.

Marcottage. Le marcottage consiste dans l'action de placer, sans les séparer de la plante mère, des parties susceptibles de développer des bourgeons dans un milieu différent de celui dans lequel elles se trouvaient jusque-là ; il est donc fondé sur cette propriété des racines de donner des tiges et des branches quand leurs bourgeons sont mis à nu ; des tiges ou des branches, de produire des racines lorsque leurs bourgeons latents sont cachés dans la terre. On multiplie ainsi certains végétaux qui ne se propagent pas avec facilité par leur semence, ou qui, reproduits par celles-ci, pourraient perdre leur caractère primitif. Il est divers moyens de marcotter : par stolons, par drageons, par œilletons, par racines, par butte, par provins ou serpenteaux, en berceaux, par incision, par étranglement ou ligature et par incision annulaire.

Nain. On appelle arbre nain un arbre beaucoup plus petit que ne le sont ordinairement ceux de son espèce. Les uns sont ainsi par hasard et sans que les causes soient connues, les autres le deviennent par la culture qui leur est donnée. On réduit la taille des arbres, soit en s'opposant à la multiplication de leurs racines, soit en arrêtant la multiplication de leurs branches et de leurs feuilles. En effet, les plantes se nourrissant par les racines et par les feuilles, on diminue, par leur retranchement, la croissance de l'arbre.

Pincement. Opération consistant à couper le sommet d'un bourgeon non encore entièrement développé, dans le but de réprimer une croissance exhubérante ou de forcer de jeunes arbres vigoureux à donner des fruits. Cette opération doit être faite avec soin et intelligence, et lorsque la moitié ou le tiers au moins des fleurs sont nouées.

Pivot. Partie de la racine des arbres qui est le prolongement du tronc. C'est par le pivot surtout que les arbres pénètrent profondément dans le sol, s'y attachent avec force, et sont en état de résister à la violence du vent. Un arbre privé de son pivot a moins de moyens de puiser à une certaine profondeur les sucs dont il peut avoir besoin. Il faut donc avoir le soin, dans la transplantation, de conserver aux jeunes arbres leur pivot ; une fois tranché, il se reproduit rarement. Il ne peut être utile de couper le pivot que pour faciliter la reprise de certains arbres au moyen des fibrilles de leurs racines latérales, ou pour déterminer une production plus abondante de fruits, comme dans le noyer.

Plançon. Grosse branche de saule, de peuplier ou d'osier, que l'on plante en terre pour obtenir un arbre nouveau ; mais si l'on emploie un rameau vivace portant un ou plusieurs bourgeons, la plante croit plus rapidement, s'enracine mieux, et, au bout de quelques années, elle dépasse en force et en hauteur celle qui est le produit du plançon le plus gros. On fait cette opération en automne dans un terrain frais, et au printemps dans des terrains secs. On fait un trou du diamètre du plançon qu'on veut y planter. Il est bon de laisser à l'extrémité supérieure des plançons deux ou trois branches garnies de boutons ; la sève a moins d'efforts à faire pour développer les boutons que pour en faire pousser de nouveaux sur une écorce épaisse.

Plantation. Les tiges des arbres doivent être enterrées un peu plus qu'avant l'arrachage ; les racines doivent être, autant que possible, replacées dans leur situation normale, tous les vides compris entre leurs divisions doivent être remplis; la terre doit avoir été bien ameublie, être tassée ensuite et humectée; il faut éviter le déchaussement de l'arbre. Les plantations sont d'autant plus difficiles et plus chanceuses que les arbres sont plus âgés, que la racine pivotante est plus longue, et relativement plus forte, que l'on est obligé de faire de plus grands retranchements de branches. On peut planter depuis le moment de la chute des feuilles, en automne, jusqu'au moment où les bourgeons se gonflent au printemps. On plante en automne, dans les sols légers et chauds, les arbres qui poussent de bonne heure au printemps; et au printemps, dans les sols humides et argileux, les arbres qui craignent le froid, et dont les racines sont tendres et charnues. L'écartement à mettre entre les arbres dépend de leur nature et de celle du sol. Lorsqu'on fait les trous pour la plantation, il est bon de les faire longtemps à l'avance, afin que la terre du fond soit ameublie par l'influence de l'air ; mais avant de planter, il faut avoir le soin de remuer la terre qui doit servir à combler le trou et d'en extraire les cailloux. Il est important de planter les arbres par rangées ; car, ainsi, on les fait jouir plus également du bénéfice de l'air et de la lumière ; leurs racines s'étendent plus à l'aise, et enfin on peut mieux les travailler. Cependant, il ne faut pas trop les éloigner, parce qu'il est bon qu'ils s'abritent réciproquement.

Quenouille. Sorte de taille des arbres fruitiers. Les quenouilles sont pyramidales ou fusiformes. Pour former les quenouilles, on laisse l'arbre se garnir de branches dans toute la longueur de sa tige, dont on arrête la croissance à la hauteur de 2 mètres à 2 mètres 50 cent. Les branches latérales sont taillées très courtes et selon la forme qu'on veut donner à la quenouille dans toute la hauteur de la tige. Certaines variétés de poires greffées sur cognassier, réussissent très bien de cette manière. On se procure de bonnes quenouilles en choisissant les variétés les plus faibles et les empêchant de pousser de vigoureuses racines au moyen d'une taille rigoureuse.

Racines. Partie inférieure de la plante qui fixe celle-ci à la terre et en tire les sucs dont elle se nourrit. Les racines n'ont ni trachées, ni stomates, ni aiguillons. Leur dimension est variable, elle n'est pas toujours en rapport avec le développement de la plante. On distingue les racines annuelles qui ne subsistent qu'un an ; vivaces, qui vivent plusieurs années, quoique la tige périsse tous les ans ; pivotantes, qui s'enfoncent perpendiculairement dans la terre ; fusiformes, en forme de fuseau allongé ; rameuses, qui se divisent en plusieurs branches ; traçantes, qui jettent des brindilles de tous cotés ; stolonifères, qui poussent çà et là des jets rampants, donnant naissance à de nouvelles racines. Les racines bulbeuses, sont celles qui sont surmontées d'un bulbe ou oignon ; les racines fibreuses, celles qui se divisent en rameaux ou fibres, et les tubéreuses, celles dans lesquelles certaines parties de la racine se sont renflées par l'accumulation d'une matière amilacée. On appelle collet de la racine sa partie supérieure par laquelle elle s'unit à la tige. Les racines sont d'autant plus grosses et plus nombreuses, qu'elles sont dans une terre plus légère et plus divisée. En coupant l'extrémité d'une racine, on détermine la pousse de plusieurs rameaux. Il n'y a que les arbres résineux dont les racines ne se régénèrent pas plus que leurs branches, ne pouvant jamais être coupées sans que l'existence de l'arbre soit menacée. En coupant les tiges ou les branches au temps convenable pour fortifier les racines, celles-ci prennent une force nouvelle, déterminent le développement d'une grande quantité de tiges et de branches, et les branches se couvrent de feuilles plus nombreuses et plus larges, absorbent une plus grande quantité d'air, et portent à leur tour aux racines une nourriture plus abondante. Ce sont les racines qui font pousser les feuilles au printemps, et les feuilles qui font pousser les racines en automne.

Recepage. Action de couper un plant près de terre pour lui faire pousser des jets plus forts que ceux qui ont été retranchés. Le recepage est indispensable pour le chêne, l'orme, le tilleul, l'acacia, le châtaignier, l'aubépine, le micocoulier, dont les premières pousses sont faibles et irrégulières. Au contraire, il ne doit être tenté qu'à la dernière extrémité sur les arbres qui ont une flèche ou sur ceux qui poussent avec une grande force dans leur jeunesse, comme les frênes, les érables, les marronniers, les peupliers, les saules ; enfin il est mortel à certains arbres, comme les noyers, les pins, les sapins, &. Dans les pépinières, le recepage des arbres forestiers se fait la seconde ou la troisième année de la plantation, plus tôt dans les sols féconds, plus tard dans les sols pauvres où l'arbre végète lentement. Dans les bois, la pousse des jeunes arbres étant moins rapide, ce n'est qu'à la cinquième ou sixième année qu'on les recèpe. Cette opération se fait l'hiver ; plus tôt , la gelée pourrait nuire aux plaies faites par l'instrument ; on coupe les jets obliquement, le plus près possible de terre ; la coupe étant tournée vers le nord , prenant bien soin de ne pas faire éclater la base de la tige. Le recèpage d'un bois est absolument nécessaire : 1° quand il a été endommagé par le broutement des bestiaux ; 2° quand il a été brûlé ; 3° quand il a été généralement attaqué de la gelée.

Sève. Fluide nutritif des végétaux. La sève s'élève des racines vers le sommet de la plante à travers les couches ligneuses, le long des faisceaux fibro-vasculaires, et redescend par le système cortical, après avoir subi , dans la respiration et la transpiration , les changements qui la rendent propre à fournir les éléments de l'accroissement et des produits divers du végétal dans lequel elle circule. On distingue donc la sève ascendante et la sève descendante. Celle-ci est sans doute la seule apte à la nutrition ; elle est plus dense et diffère également par sa composition. Toutes deux ont pour base l'eau, qui tient en dissolution plusieurs sels, du sucre, de la gomme, &. La sève varie selon les espèces végétales , et, dans une espèce donnée , selon les conditions de la végétation. La sève est toujours plus abondante au printemps, lorsque les feuilles et les fleurs commencent à se développer.

Stratification. Moyen employé pour conserver la faculté de germer à certaines graines , qui perdent promptement cette faculté lorsqu'elles sont exposées à l'air , et qui ne peuvent être semées aussitôt qu'elles sont récoltées. La stratification a lieu en étendant les graines par couches alternatives, avec du sable ou de la terre , ou même de la mousse, et en les conservant ainsi, soit dans un lieu en plein air, soit dans un tonneau, une caisse ou une boîte, à la cave ou sous un abri.

Taille. La taille des arbres a pour objet de couper les bourgeons ou les branches des arbres fruitiers, dans le but de leur donner une forme particulière , de leur faire produire chaque année des fruits, ou de maintenir entre les diverses parties un certain équilibre. La taille est différente selon qu'on veut former un arbre d'espalier, un arbre nain, une quenouille, une pyramide ou un arbre à haute tige. La taille des arbres à pépins se fait au commencement de l'hiver ou dès que les feuilles sont tombées. Celle des arbres à noyau a lieu en février pour les abricotiers, et successivement en mars et avril pour les pêchers, les cerisiers, les pruniers. En général, on ne taille les arbres quels qu'ils soient, qu'après la seconde année qu'ils sont plantés. L'art de la taille comprend trois principes : 1° il faut savoir distinguer les branches à fruits et à bois d'avec les branches de faux bois. Les branches à fruits sont petites, courtes, nourries, garnies de boutons qui ne doivent pas être confondus avec ceux qu'on appelle yeux, petits boutons pointus. Les branches à bois sont les grosses et fortes branches destinées à former la tête de l'arbre ; ce sont celles aussi qui sont venues sur la taille de l'année précédente. Les branches de faux bois sont celles qui naissent sur une vieille branche, ou même sur une bonne, et dans un endroit où il ne paraissait point d'œil, celles qui sortent immédiatement de la tige, et celles qui sont grosses vers le bas de la mère-branche, tandis qu'il y en a de menues au-dessus. Il faut savoir encore mettre une différence entre les branches à fruits, car il y en a de bonnes et de mauvaises : les bonnes ont des yeux enflés, des boutons bien marqués et bien nourris et une écorce vive ; les mauvaises ont des yeux plats, écartés les uns des autres, ou bien elles sont extrêmement grosses, longues et étroites, avec des yeux maigres et écartés ; on appelle gourmandes ces dernières ; 2° il faut gouverner avec prudence les bonnes branches ; ainsi, il faut éviter de couper le bois qui est à côté et au-dessus de la petite branche à fruits, car elle deviendrait elle-même branche à bois, et affamerait les boutons à fruits ; 3° il faut tailler tantôt long, tantôt court, de manière qu'il y ait de tous les côtés une quantité à peu près égale de branches à bois, afin que la sève se distribue également. Tailler long, c'est laisser 28 à 35 centimètres à une branche à bois ; tailler court, c'est ne laisser à la branche que deux ou trois yeux. On taille long les arbres vigoureux qu'on veut mettre à fruit ; on taille court les arbres faibles, surtout dans les premières années. Quand un arbre ne donne du fruit que d'un côté, on doit tailler fort long le côté qui ne donne que du bois. On doit user de prévoyance dans la taille des arbres, c'est-à-dire, juger du sort des branches, connaître celles qu'il faudra un jour retrancher, et en disposer d'autres pour remplacer les vides que les premières feront, et savoir conserver par préférence une branche de faux bois, quand elle est vigoureuse et voisine du corps de l'arbre ; cela se pratique quelquefois à l'égard des pêchers.

Tuteur. Pour dresser les jeunes arbres, pour les défendre des accidents, et les soutenir au vent qui les incline, il est nécessaire de leur mettre un tuteur ou échalas. Les meilleurs sont en bois de chêne ou de châtaignier refendu. Quand on donne un tuteur à un arbre, il faut avoir le soin de mettre entre eux un torchon de paille , de mousse ou de feuilles pour empêcher que la ligature ne fasse naître sur la tige un bourrelet , ce qui arrive souvent sans cette précaution.

CHAPITRE TROISIÈME.

Arbres fruitiers.

Rien n'est plus varié que la forme, la grosseur, l'organisation, la couleur des diverses espèces de fruits. On donne plus particulièrement le nom de fruit aux fruits charnus qui servent à la nourriture de l'homme , et qui, sous ce rapport, sont d'une grande importance pour l'agriculture; leurs sucs abondants ont la propriété de rafraîchir le sang , et la plupart servent à fabriquer des boissons. Parmi ces fruits, les uns mûrissent dans le cours de l'été ; d'autres donnent leur récolte en automne ; enfin, il en est qui n'acquièrent leur complète maturité que lorsqu'ils ont été conservés pendant une partie de l'hiver , et qui se perfectionnent dans la fruiterie, comme certaines espèces de poires et de pommes. On cueille à l'instant de leur complète maturité les fruits qui doivent être aussitôt mangés ; on cueille les fruits d'hiver qui doivent être conservés dès qu'ils cessent de croître sur l'arbre. Il faut choisir pour cette opération un temps beau et sec, ne la faire que lorsque la chaleur du jour a dissipé toute l'humidité de la nuit , et l'interrompre dès que celle du soir se fait sentir. Les fruits détachés à la main , et séparément, sont placés doucement dans une corbeille et transportés dans un lieu sec et disposés de manière à ce qu'ils ne soient pas entassés , mais placés isolément. Les fruits destinés à être conservés pendant l'hiver doivent être cueillis avant leur complète maturité. Le mouvement de végétation qu'ils conservent encore à la fruiterie leur fait acquérir plus de parfum et de goût. Ils doivent être enfermés parfaitement exempts d'humidité, et il faut leur conserver autant que possible le duvet dont ils sont couverts. Il faut surtout éviter qu'ils soient empilés et qu'ils se meurtrissent par leur contact. On doit laisser la porte et les fenêtres ouvertes pendant les premiers jours où l'on y a placé les fruits, à moins que le temps ne soit humide et trop froid. Huit jours après on la ferme exactement ; on y interdit l'action de la lumière du jour, et il ne reste plus qu'à la visiter souvent pour enlever tous les fruits gâtés à mesure qu'ils commencent à s'altérer. On doit maintenir dans la fruiterie une température aussi égale que possible, en la mettant à l'abri du froid aussi bien que de la chaleur. (V. les articles ci-après).

Abricotier. Cet arbre peut, en général , se reproduire par noyau, surtout l'abricot-pêche. Cependant il se greffe ordinairement pour en jouir plus tôt. On le greffe sur lui-même , sur prunier ou sur amandier. Les abricotiers aiment mieux une terre légère et sablonneuse qu'une grasse. Toutes les expositions leur conviennent. L'abricotier en plein vent donne des fruits plus abondants et plus parfumés ; en espalier il en donne de plus beaux. Les abricotiers nains doivent être mis en espalier.

Amandier. Cet arbre se multiplie d'amandes qu'on fait germer dans le sable, et qu'on plante au printemps ; c'est sur l'amandier qu'on greffe toutes sortes de pêches et d'abricots ; il se plaît dans une terre sèche et sablonneuse, mais qui ait de la substance. On le plante dans des rigoles , à une distance suffisante, à 15 ou 16 cent. de profondeur , l'amande la pointe en bas ; on les couvre de terre ; on entretient le plan par des sarclages, et à la fin du mois d'août , les amandiers peuvent être greffés. Il existe plusieurs espèces d'amandiers dont la culture est la même.

Cerisier. Cet arbre se multiplie de graines et de drageons ; on le greffe sur plant et sur mérisier , mais on doit choisir des mérisiers à fruits blancs. Ou plante les cerisiers venus de noyaux, à la fin de février, après les avoir fait germer dans du sable pendant l'hiver , et on les greffe au mois de septembre suivant. Le cerisier se plaît en général dans tous les terrains qui ne sont ni trop humides, ni trop secs , trop froids, ni trop chauds ; une terre légère , meuble et profonde est celle qui lui convient le mieux. Cet arbre craint la serpette et ne doit même être débarrassé du bois mort qu'avec ménagement. Toute blessure qu'on lui fait fournit un écoulement gommeux qui nuit à l'arbre. On cultive de la même manière les diverses espèces de cerisiers.

Cognassier. Cet arbre se multiplie de graines que l'on sème lorsqu'elles sont parfaitement mûres vers la fin du mois de septembre ; on les multiplie aussi par rejetons de ses racines arrachées pendant l'hiver ou de boutures qui réussissent bien dans un sol frais et léger ;

la meilleure manière de les multiplier est par bouture en plantant de bons pieds de cognassier à 2 mètres les uns des autres, et en les coupant au mois de mars à un pouce de terre. On doit butter les nouvelles boutures de 30 centimètres de bonne terre. On peut greffer le cognassier, mais ce doit être en fente sur un prunier sauvage, et vers la fin de mars. On en cueille les fruits sur la fin de septembre ; on attend qu'ils soient bien jaunes ; on ne doit pas mettre le coing auprès des autres fruits, car il les gâte par son odeur et son aigreur.

Figuier. Cet arbre se reproduit de rejetons, de boutures et de provins, dans un terrain un peu frais. Les boutures doivent être prises sur l'arbre en pleine terre ; on les plante au printemps ou en automne ; à l'égard des provins, on les courbe en terre sans les détacher de l'arbre, et ils prennent racine ; mais ensuite, il faut les couper du côté de l'arbre, ce qu'on appelle sevrer. La meilleure exposition est entre le levant et le midi, et on doit l'abriter du froid qu'il redoute un peu. Il vient presque sans culture ; placé dans les vignobles, il profite seulement du travail que reçoivent ceux-ci. Il commence à donner du fruit au commencement de septembre jusqu'aux premières gelées; il est même des espèces dont la précocité est remarquable; elles commencent à produire des fruits au mois de juin jusqu'au mois d'octobre. On doit couper les branches faibles et conserver les grosses, ce qui est le contraire des autres arbres. On doit tenir les grosses branches un peu courtes, pour avoir de meilleur fruit.

Framboisier. Cet arbrisseau aime une terre légère, fraîche, ombragée, et se plaît à l'exposition du levant et du couchant. Le framboisier se multiplie de ses rejetons qui sortent du pied au printemps, et on les plante au printemps suivant en rayons de 60 à 70 centim. l'un de l'autre. Ce n'est qu'à la seconde année que les jeunes pousses donnent du fruit et lorsqu'elles ont poussé des branches latérales ; à cet effet, on arrête ces jeunes tiges à deux ou trois pieds pour leur faire pousser ces branches. La tige du framboisier périt après avoir donné des fruits pendant 3 ou 4 ans. Il faut donc chaque année couper quelques-unes des vieilles tiges, pour provoquer la naissance de tiges nouvelles qui les remplacent.

Groseiller. Cet arbuste, dont il existe plusieurs variétés, s'accommode de tous les sols et de toute exposition ; cependant il préfère un sol frais sans être humide. Il n'aime ni l'excès d'ombre, ni l'excès de soleil. On le reproduit de marcottes qui se font en hiver, de boutures mises en terre avant l'hiver, avec un talon de bois de l'année précédente, ou des drageons relevés en automne. On peut aussi le multiplier de graines pour en obtenir des variétés. La manière de tailler le groseiller peut en augmenter le produit. On peut observer que les jeunes branches donnent des fruits plus gros que les vieilles. Ainsi, en coupant les branches de plus de trois ans, soit ras de terre, soit à quelques centimètres de hauteur, et en réglant la taille de manière à ce qu'il y ait chaque année, sur chaque pied, le même nombre de tiges de chaque année, c'est-à-dire autant de trois ans, de deux ans et d'un an, on ajoute à la fécondité de la plante.

Noisetier. Ce grand arbrisseau s'accommode de tous les terrains, à moins qu'ils ne soient secs et arides, et de toutes les expositions. Le noisetier se multiplie de graines et de marcottes, et par les rejetons de ses vieux pieds. On le sème après la chute des fruits ou au printemps. En automne, on lève les rejetons, et les marcottes se font en automne avec du bois de deux ans au plus. La greffe sur le noisetier réussit difficilement; la seule qui ait du succès est la greffe par approche; on la fait au commencement du printemps. Le fruit du noisetier est agréable à manger; on en fabrique même de l'huile.

Pêcher. Cet arbre, dont les fruits présentent de nombreuses variétés, est cultivé en le multipliant par le semis de ses noyaux. On le greffe sur amandiers ou sur pruniers et abricotiers. Greffé sur amandier, il convient mieux aux terres sèches et légères, à l'exposition du midi; greffé sur prunier, il s'acclimate plus facilement dans un sol frais et humide,' à toutes les expositions, mais surtout à l'exposition du couchant. C'est à la fin d'octobre, et jusqu'au commencement de mars, que l'on transplante les pêchers; il faut avoir le soin de conserver les racines aussi longues que possible. On met entre chaque tige un intervalle d'environ 10 mètres contre les espaliers en bonne terre; seuls ils doivent remplir l'espace du mur qui leur est réservé; les cordons de vigne que souvent on laisse régner au dessus d'eux leur sont fort nuisibles. Le froid, la pluie, un vent sec et continu sont funestes aux pêchers au moment de la floraison, en empêchant la fécondation des fleurs; tout est danger jusqu'au moment où le temps des gelées est passé et où les fruits sont noués. Jusque-là la serpette du jardinier ne touche pas à l'arbre; ce n'est que dans le cours du mois de mai, lorsque les bourgeons ont acquis 26 à 35 centimètres de longueur , que l'on commence l'ébourgeonnement. Les branches à fruit ont rarement plus de 66 centimètres de longueur ; elles n'ont que la grosseur d'un bon tuyau de plume ; leur couleur est rouge du côté du soleil et verte du côté de l'ombre. Les branches à fruits du pêcher, lorsqu'elles ont une fois donné du fruit , n'en rapportent plus ; elles doivent donc être renouvelées tous les ans. On distingue trois variétés principales de pêches : 1° la pêche proprement dite, dont la peau est velue , mais dont la chair fondante se détache facilement de la peau et du noyau ; 2° la pavie, dont la peau est velue, mais dont la chair ferme ne quitte ni la peau ni le noyau ; 3° le brugnon, qui a la peau violette , lisse et sans duvet. Les pucerons attaquent le pêcher au printemps ; on les détruit en les aspergeant avec un mélange de lessive de tabac en poudre et de soufre que l'on fait bouillir ensemble.

Pistachier. Cet arbre, de la famille des térébinthacées , se cultive comme l'amandier et produit un fruit d'un vert cramoisi, et dans lequel est renfermée une amande verdâtre, d'une saveur agréable, qui se mange fraîche, sèche ou en dragée, et contient un principe farineux et une huile grasse fort douce.

Poirier. Cet arbre; de la famille des rosacées , qui comprend plusieurs espèces, aime une terre profonde, fertile, légère et un peu humide ; si les terres sont sablonneuses et brûlantes, on doit éviter l'exposition du midi ; si , au contraire , elles sont fortes et humides , on doit la rechercher : dans tous les cas, le levant vaut mieux que le couchant. On multiplie le poirier par semis, mais il faut attendre de longues années , dix, douze ou quinze ans pour en obtenir des fruits. Ce temps si long décourage et rebute les efforts, et l'on a recours à la greffe. On greffe : 1° sur le poirier sauvage ; 2° sur le poirier franc cultivé, venu du semis ; 3° sur le cognassier. Si l'on greffe sur sauvageon , on obtient des arbres qui se mettent tard à fruit et qui en donnent de moins perfectionnés, mais ils sont plus vigoureux et d'une plus longue durée. Si on greffe sur le cognassier, on a des arbres faibles et de peu de durée, mais qui produisent des fruits de bonne heure et plus perfectionnés. Enfin, si l'on greffe sur le franc, on a un arbre qui tient le milieu entre ces deux extrêmes, c'est-à-dire ayant plus de durée et de grandeur que celui qui a été greffé sur cognassier, mais moins de durée et une taille moins élevée que celui qui a été greffé sur sauvageon. On greffe en écusson à œil dormant sur le cognassier et sur le franc, quand ce dernier n'est âgé que de deux à trois ans ; on

greffe en fente sur le franc de quatre à cinq ans et sur le sauvageon.
Quand on veut avoir des sujets pour greffer le poirier, on fait un semis
plus ou moins épais sur le sol, à l'automne ou au printemps, puis on le
couvre d'environ six centimètres de terre très meuble. Le plant lève dans
le mois de mai ; on le sarcle et on le bine ; on le transplante la seconde,
quelquefois la première année. On taille court les arbres très-fertiles ; on
taille plus long ceux qui se mettent difficilement à fruit. La maturité des
diverses espèces de poires a lieu dans l'ordre suivant ; le muscat Robert,
la Madeleine, les poires d'épargnes, vers le milieu de *juillet* ; le gros
blanquet, le salviate, en *août* ; le rousselet hâtif, le gros rousselet d'été,
le rousselet de Reims, le bon chrétien d'été, le bon chrétien musqué, le
gros bon chrétien, au commencement de *septembre* ; le beurré fondant,
le beurré d'Amanlis, le doyenné fondant, le doyenné gris, le doyenné
galeux, la bergamotte, la bergamotte crassane, la noisette, le messire
Jean, le bezi Chaumontel, le franc réal, en *octobre*, *novembre* et *décembre* ; le bon chrétien ou poires d'Anjoines, le doyenné d'hiver, la
vigoureuse, le Saint-Germain, la royale d'hiver, le martin sec ou rousselet d'hiver, le Colmar, le bon chrétien de Bruxelles, en *janvier*,
février, mars.

Pommier. Cet arbre, de la famille des rosacées, dont il existe un
grand nombre de variétés, préfère un sol profond, léger et un peu humide ; il redoute les argiles et les craies. On le multiplie de graines, de
marcottes et par greffe. On greffe : 1° sur pommier sauvage ; 2° sur
pommier franc, venu d'espèces cultivées ; 3° sur paradis ou pommier
nain. En greffant sur sauvageon, on obtient des arbres qui donnent plus
tard leurs fruits, mais qui durent plus longtemps, et qui, arrivés à l'époque
de leur vigueur, produisent une récolte plus abondante. La greffe sur
franc donne des arbres de peu de durée, mais qui se couvrent plus tôt
d'une récolte de fruits ayant une saveur plus délicate ; par la greffe sur
paradis, on obtient des sujets de petite taille. Quand on veut avoir des
sujets pour greffer les pommiers, on procède de la même manière que
pour le poirier. En général, on plante les pommiers trop près les uns
des autres. Dans les terres de moyenne qualité, il ne faut pas moins de dix
mètres entre les pommiers en plein vent, et cinq mètres entre les arbres
nains et les quenouilles. Il ne faut pas tourmenter par la taille les pommiers en plein vent ; supprimer les branches mortes, les branches chiffonnes et les gourmandes : voilà tout ce que doit faire le cultivateur. Au
contraire, les pommiers en buisson ou quenouille, et les pommiers nains

peuvent être dirigés par la taille. Les premières années , on taille court pour former l'arbre, on allonge les années suivantes ; on retarde l'ébourgeonnement le plus possible , c'est-à-dire jusques environ le mois de juillet. La maturité des diverses espèces de pommes a lieu dans l'ordre suivant : la calville blanc , la calville rouge , le postophe , la pomme de châtaignier, le fenouillet gris , le fenouillet jaune , la reinette, la reinette d'Angleterre, la reinette dorée , la reinette de Hollande , du Canada , d'Espagne, la reinette grise de Granville, le rambour, le rambour d'hiver et l'api, en *automne* et en *hiver*.

Prunier. Cet arbre, de la famille des rosacées , dont il existe un grand nombre de variétés , aime un terrain argileux et frais ; dans les sols sablonneux et secs, il ne donne que de faibles jets et vit peu de temps. Il y produit cependant des fruits d'un goût plus sucré. C'est sur les coteaux exposés au levant et au midi qu'il se plaît le plus. Les pruniers se multiplient de préférence par la greffe. Le prunier damas noir est surtout cultivé pour greffer l'abricotier, les diverses variétés de prunier, et le pêcher. On obtient des sujets pour la greffe en semant les noyaux de certaines variétés reconnues comme plus propres à donner des sujets vigoureux et d'une croissance rapide. A cet effet, on choisit principalement la cerisette blanche ou rouge, le damas gros et petit, le Saint-Julien gros et petit. On conserve les noyaux pendant l'hiver en les stratifiant en masse dans de la terre, soit en plein air, soit sous un hangar, et on les sème au printemps. Le plus souvent, le plan venu de ces graines , se relève la même année pendant l'hiver, et se repique à la distance de 60 à 80 cent.; lorsqu'il est faible , on attend la seconde année. Dès la première année de la plantation , une partie des plants est bonne à greffer à 15 ou 20 cent. de terre, en pruniers, pour espaliers, quenouilles ou pyramides. On réserve les plus droits et les plus vigoureux pour les greffer , les années suivantes, à 2 mètres environ, et former ainsi des arbres de plein vent. Dans les premières années, on greffe en écusson ; plus tard on greffe en fente. Une fois mis en place , il ne demande d'autres soins qu'une seule façon à la bêche , au pied de l'arbre , et d'être débarrassé des branches mortes, chiffonnes ou gourmandes. On commence par cueillir les prunes à l'époque de leur maturité complète, lorsqu'elles tombent d'elles-mêmes, ou par la plus petite secousse donnée à l'arbre , puis on les place sur des claies sans les entasser , et on les expose ainsi au soleil jusqu'à ce qu'elles deviennent aussi molles que possible ; en cet état, on les met dans un four chauffé à un degré de chaleur tiède et dont la porte est exactement fermée , et on les y laisse 24 heures; on les retire au bout de ce temps ; on chauffe le four à un degré un peu plus élevé et on y replace les claies. Le lendemain, on les ôte de nouveau ; mais alors on tourne les prunes en agitant légèrement les claies ; on chauffe le four pour la troisième fois, encore à un degré de chaleur supérieur à celui de la seconde, et de nouveau les prunes y sont renfermées pendant 24 heures. La dernière opération consiste à arrondir chaque pruneau, à tourner le noyau en travers, à donner au fruit une forme carrée, en le pressant entre l'index et le pouce ; puis, ayant chauffé le four au degré où il se trouve quand on retire le pain, on y met les pruneaux pendant une heure, en prenant soin d'en boucher hermétiquement l'entrée; après une heure, on ôte les pruneaux, on renferme dans le four et on y laisse pendant deux heures un vase rempli d'eau ; puis, enfin, on y remet les pruneaux, et on les y laisse une dernière fois pendant 24 heures ; c'est alors qu'ils se couvrent de cette poussière blanche , semblable à de la farine , qu'on appelle le blanc. C'est ainsi que se font les pruneaux dans les lieux où ils sont renommés par la délicatesse de leur goût : les pruneaux de Tours, d'Agen, &. Les différentes variétés du prunier cultivé peuvent se rattacher à six variétés principales : le prunier de Sainte-Catherine , le prunier de Mirabelle, le prunier de Damas, le prunier de Damas noir, le prunier de Reine-Claude, le prunier Cerisette.

CHAPITRE QUATRIEME.

Arbres Forestiers et d'Ornement.

Les plantations d'arbres forestiers et d'ornement exercent sur l'atmosphère une influence considérable. Autour des plaines en culture , elles brisent l'impétuosité des vents, elles entretiennent une température plus égale, retardent l'évaporation de l'humidité , préviennent le desséchement de la surface du sol, et peuvent fournir des produits importants. (Voir les articles ci-après.)

Alizier. Cet arbre atteint une hauteur de 10 à 15 mètres. Il se multiplie de graines ou de greffe sur le néflier et l'aubépine. Il se propage aussi de marcottes ou de rejetons qu'on lève au printemps ou en automne. Le bois de l'alizier est très dur, il prend bien le poli, et est très recherché par les tourneurs, les menuisiers et les charpentiers d'usine.

Aubépine. Arbrisseau épineux qui produit de petites fleurs blanches. Il croît rapidement dans toutes sortes de terrains et forme d'excellentes haies de clôture. Le bois de l'aubépine est dur , et les tourneurs l'emploient à divers usages.

Aulne. Cet arbre atteint une hauteur de 8 à 10 mètres , et croît dans les lieux humides ; il se multiplie de rejetons et prend avec facilité. Son bois est léger, et passe difficilement une année à l'air sans se pourrir ; mais enfermé dans la terre ou dans l'eau , il résiste aussi longtemps que le chêne Aussi s'en sert-on pour pilotis, et il entre dans la fabrication du charbon pour la poudre.

Bonduc. Cet arbre épineux, originaire des Indes, atteint une hauteur de 8 à 10 mètres. Il se plaît dans une terre fraîche et légère , à une exposition un peu abritée , et se multiplie par semis , rejetons ou marcottes. Son bois est dur et propre à l'ébénisterie.

Bouleau. Cet arbre s'élève à une hauteur de 8 ou 10 mètres ; il croît dans tous les sols et surtout dans ceux qui sont humides. Il se multiplie de rejetons , par marcottes ou par boutures. Son bois sert à la confection d'outils, de cercles, de sabots, et au chauffage. Ses rameaux servent à faire des balais ; ses feuilles, vertes ou desséchées , sont mangées par les bestiaux.

Buis. Arbrisseau toujours vert, atteignant une hauteur de 1 à 2 mètres. Il se plaît dans toutes les terres et à toutes les expositions, mais l'ombre lui est plus favorable. Il se multiplie de graines qu'on sème en automne, de drageons, et de boutures. Il sert à orner les jardins sous différentes formes ; son bois , de couleur jaune et très dur, sert pour la tabletterie.

Catalpa. Cet arbre atteint une hauteur de 5 à 8 mètres. Il aime les sols sains et fertiles ; sa croissance y est des plus rapides. Il se multiplie de graines, de drageons et de boutures. Son bois est léger , sert à divers usages, et est bon surtout pour des échalas.

Cèdre. Grand et bel arbre résineux , s'élevant à une hauteur considérable, et croissant dans tous les terrains. Il se multiplie de ses graines , que l'on sème au printemps dans de la terre de bruyère mêlée de terreau. Au bout de 2 ou 3 ans, on les transplante en pleine terre et on les abandonne à eux-mêmes. Le cèdre craint la serpette, et ne demande pas de tuteur. Le bois du cèdre est léger et d'un blanc un peu roussâtre ; il se conserve longtemps sans s'altérer.

Chalef. Petit arbre , vulgairement appelé olivier de Bohême, dont les rameaux nombreux s'élèvent à plus de 6 mètres. Un sol léger, sablonneux, frais et ombragé lui convient. On le multiplie de rejetons, de marcottes et de boutures. Son bois est excellent pour l'ébénisterie.

Charme. Arbre de haute futaie qui s'accommode de tous les terrains , excepté de ceux qui sont aquatiques. Il se multiplie de graines et de boutures. Les jeunes sujets provenant de semis sont sarclés et arrosés en été ; à quatre ou cinq ans, on les transplante à demeure. Son

6.

bois, très dur, est excellent pour les vis de pressoir et pour le charronnage ; il produit du charbon qui conserve beaucoup la chaleur. Les branches du charme étant très flexibles, servent à faire des charmilles.

Châtaignier. Arbre de première grandeur, qui vient dans toutes les terres, mais qui préfère les terres légères et sablonneuses ; la pente des collines paraît lui convenir le mieux. Le châtaignier se multiplie de marcottes et de drageons, mais surtout de semis, qui se font à demeure ou en pépinière, en automne ou au printemps. On sème à la volée dans une terre labourée, ou à la main dans de petites fosses de 25 à 30 centimètres en tout sens, dans lesquelles on place à chacun des angles 4 châtaignes. L'ensemencement ainsi fait, et selon que l'on veut avoir des taillis ou une futaie, on fait des éclaircies des jeunes plantes, qu'on renouvelle à la troisième ou quatrième année, et après 4 ou 5 ans, ils peuvent être établis à demeure. Le bois de châtaignier est très bon pour la charpente, les cerceaux, les échalas ; on peut en faire aussi des tuyaux pour la conduite des eaux.

Chêne. Arbre de première grandeur, dont il existe un grand nombre de variétés. Le chêne croît en général dans presque tous les terrains, mais il reste chétif et rabougri dans ceux qui n'ont pas de fonds. Il préfère les terrains frais et profonds, mêlés de sable et d'argile ; il y acquiert une grande hauteur et y vit des siècles. Il n'aime pas être seul et pousse vigoureusement mêlé avec d'autres arbres, surtout avec les bois blancs. Le chêne se multiplie de semis et par drageons en automne et au printemps. On choisit les glands les plus gros, les plus pesants et les plus colorés. La terre où l'on fait le semis doit être labourée profondément, et on sème à la main en espaçant les glands de 20 centimètres. La deuxième et la troisième année on accélère la végétation par des binages. On peut alors abandonner la plante à elle-même. La transplantation ne réussit bien que lorsque le plant a 4 ou 5 ans. L'écorcement des chênes a lieu dans le mois de mai, lorsqu'ils sont en pleine sève. On consacre à cette exploitation des taillis de 20 à 25 ans. Les glands de chêne peuvent servir à la nourriture des animaux. Son bois, par sa solidité et sa durée, est recherché pour un grand nombre de constructions ; on l'emploie aussi pour le charronnage, la tonnellerie et le chauffage.

Cormier. Arbre qui s'élève à 15 mètres de haut. Il vient dans les lieux froids et humides. On le multiplie de semis. On couvre les jeunes racines de fumier ; au printemps on les arrose et on les éclaircit ; on les bêche deux ou trois fois ; quand le plant a 4 ou 5 ans, on le transplante dans des trous de soixante centimètres de profondeur et d'un mètre en carré. Le fruit, qui a la forme d'une petite poire, est fort long à venir. Le bois de cet arbre, qui est très compacte et dont le grain est très serré, est recherché par les tourneurs et les graveurs sur bois ; on en fait aussi des pièces de pressoir et des outils de menuiserie.

Cyprès. Cet arbre atteint une hauteur de 20 mètres ; tous les terrains lui conviennent. On le multiplie de semences et de boutures. Quand le cyprès a 50 centimètres de haut, on le plante en pépinière ; on le transplante en des fosses bien profondes, et alors il ne demande plus aucun soin. Son bois dur et d'un grain fin, est regardé comme incorruptible. On l'emploie dans l'ébénisterie, et on en fabrique des pieux, des palissades et des treillages.

Cytise. Arbuste qui s'élève à 4 ou 5 mètres de hauteur ; presque tous les terrains lui conviennent. Il se multiplie de graines et de boutures. Son bois est dur, susceptible de prendre un beau poli et excellent pour la marqueterie.

Erable. Cet arbre, dont il existe plusieurs espèces , s'élève de 12 à 13 mètres, et réussit dans les terrains profonds, secs et de médiocre qualité. Il vient assez vite et se multiplie exclusivement de graines. Son bois blanc ou grisâtre, bien veiné , est employé par les charrons et les menuisiers et surtout par les facteurs d'instruments.

Frêne. Arbre de première grandeur, qui réussit parfaitement dans les terres plus ou moins argileuses. Il repousse bien du pied et fait de bonnes trochées. Il réussit très-bien à l'ombre des autres arbres, ce qui le rend précieux pour remplir les clairières. On l'élève de plant qu'on prend dans les bois. Son bois est blanc et veiné, dur et flexible , et fréquemment employé dans le charronnage et l'ébénisterie.

Fusain. Arbrisseau qui vient naturellement dans les bois et les haies. Son bois est employé à faire des fuseaux , des vis , des lardoires , des moules ; il peut prendre un beau poli. Par la calcination il donne un charbon très léger, employé par les dessinateurs et pour la fabrication de la poudre à canon.

Gainier. Arbre de Judée, s'élevant à une hauteur de 5 à 8 mètres. Il croît dans les plus mauvaises terres, à moins qu'elles ne soient trop argileuses ou trop aquatiques ; sa croissance est rapide ; on le multiplie de graines, de drageons et de boutures. Son bois, agréablement marqué de noir, de vert et de quelques taches jaunes, sur un fond gris, peut être employé à faire des meubles charmants.

Genévrier. Arbuste, s'élevant jusqu'à 5 ou 6 mètres, dont il existe plusieurs espèces. Il croît dans les lieux arides. Son bois dur est susceptible de prendre un beau poli et est employé dans les ouvrages de tour. Le genévrier de Virginie, appelé aussi cèdre rouge, est originaire de l'Amérique du Nord. Son bois, odorant, incorruptible, est employé dans les constructions, l'ébénisterie et pour la fabrication des crayons.

Hêtre. Arbre de première grandeur, qui se plaît dans les terres sablonneuses et montagneuses. Il se multiplie de ses fruits, espèces de glands appelés faines que les animaux mangent avec plaisir. Son bois liant s'emploie pour faire des vis, des rouleaux, des pilons, des presses, des soufflets, des sabots, des attelles pour les colliers des chevaux, des mesures de capacité, des tamis, des versoirs de charrue et pour toute menuiserie d'intérieur. Il sert aussi beaucoup pour le chauffage.

Houx. Arbrisseau, dont une espèce, le houx commun, croît naturellement partout. La graine de houx se sème aussitôt qu'elle est récoltée, et si on ne peut pas la semer en automne, il faut la conserver l'hiver, dans un trou fait en terre, si on veut, en la semant au printemps, qu'elle lève dès la première année. On en fait des haies de bonne défense, et de son bois souple et pliant autant que dur, on fait des manches d'outils, des ouvrages d'ébénisterie, des baguettes de fusils, &.

If. Arbre de la famille des conifères qui s'élève de 7 à 10 mètres. Il croît lentement dans tous les terrains, excepté dans ceux qui sont trop argileux ou trop humides ; il lui faut de l'ombre, surtout dans sa jeunesse. On les multiplie de marcottes et de boutures qui s'enracinent aisément. Ces dernières se font à l'ombre pendant l'hiver, dans une terre légère et substantielle. Sa verdure est permanente ; il croît avec beaucoup de lenteur, mais sa durée est plus que séculaire. Son bois est très dur, d'une belle couleur rouge-orange, et susceptible du plus vif poli ; sa couleur est d'autant plus foncée qu'il est plus vieux, et l'on peut encore augmenter cette intensité en le mettant tremper dans l'eau pendant plusieurs mois. On en fait des meubles en placage et des objets fabriqués au tour. Il est aussi précieux pour les conduites d'eau.

Laurier. Arbre qui atteint une hauteur de 7 à 10 mètres. Il aime l'exposition du nord dans tous les terrains. On le multiplie de ses graines, de marcottes et de boutures au printemps. Son bois sert à divers usages. On ne saurait trop planter partout cet arbre allégorique et fort beau, généralement connu sous le nom de laurier d'Apollon et qu'il ne faut pas confondre avec le laurier d'Espagne, le laurier de Portugal, et le laurier de Caroline, peu cultivés dans nos contrées.

Lilas. Arbuste dont deux espèces sont particulièrement cultivées, le lilas commun et le lilas de Perse. Les lilas viennent dans tous les terrains et à toutes les expositions ; mais ils préfèrent un sol léger et substantiel et une exposition chaude et aérée. On les multiplie de graines, par déchirement des vieux pieds et par boutures ; ces deux dernières méthodes sont préférables et se font au printemps. Le bois du lilas sert à divers usages.

Magnolier. Arbre de deuxième grandeur, remarquable par la beauté de ses fleurs. Il réussit bien dans les sols fertiles, et se plaît aux expositions chaudes. On le multiplie de graines et de marcottes. Son bois est employé dans l'ébénisterie.

Marronnier. Grand et bel arbre qui se plaît dans les bons terrains et à toutes les expositions. On le multiplie par ses fruits et par marcottes en automne ou au printemps. Ses fruits fournissent de bon amidon et servent de nourriture aux vaches laitières. Le bois du marronnier offre peu de résistance et n'est guère propre que pour le chauffage, la teinture en noir ou la fabrication des charbons légers. L'écorce peut être employée au tannage des cuirs.

Mélèze. Grand et bel arbre de la famille des conifères, qui est très convenable pour les terres de coteau, où il réussit d'autant mieux qu'elles sont en pente inclinée au nord. L'élagage est favorable à cet arbre, pourvu qu'il soit fait graduellement. On le multiplie de ses graines, de marcottes ou de boutures, en automne Le bois du mélèze se conserve longtemps dans l'eau, et il y devient même si dur qu'il résiste au tranchant du fer ; mais il est d'une combustion lente et difficile ; il est excellent pour la menuiserie fine.

Mérisier. Cerisier sauvage, arbre de deuxième grandeur ; il réussit dans tous les sols, excepté dans ceux qui sont aquatiques. Il se multiplie de graines et de drageons. Son bois est très recherché par les menuisiers et les ébénistes.

Micocoulier. Arbre qui peut s'élever à 13 mètres de hauteur. Tous les terrains lui conviennent, mais il préfère ceux qui sont légers et chauds ; c'est dans les terrains profonds, sur les bords des rivières , ou vers la partie inférieure des vallées qu'il développe toute sa force de végétation. On le reproduit de graines. Son bois est bien compacte , liant, et peut remplacer l'orme ; il est très bon pour le charronnage ; on en fait des cercles de cuve , des instruments à vent. Avec ses pousses on fabrique des manches de fouet et des fourches.

Mûrier. Arbre de moyenne grandeur, dont il existe plusieurs espèces : le mûrier blanc , noir, le mûrier multicaule , le mûrier d'Italie ou rose, de Constantinople, enfin, le mûrier à papier. Les mûriers blancs et noirs viennent dans toutes les terres qui ne sont ni trop sèches ni trop sablonneuses. On les multiplie de graines, de marcottes et de boutures ; mais il n'y a que l'espèce multicaule qui réussisse parfaitement au moyen de boutures , après avoir fait à l'extrémité inférieure de la bouture une entaille en croix. Le mûrier préfère l'exposition du levant, et ne prospère pas à l'ombre. On peut les greffer sur le mûrier, l'orme, le figuier et le tilleul, en tête lorsqu'ils sont déjà mis en place, ou près du collet de la racine lorsque les sujets ont acquis de 4 à 5 centimètres de tour à leur base. Cette opération se fait du 15 mars aux premiers jours d'avril. On ne doit pas épargner aux mûriers les labours et le fumier. Après l'effeuillage, on les taille. Les mûres servent à divers usages, et les feuilles sont la meilleure nourriture pour les vers-à-soie. Le bois du mûrier est susceptible d'un beau poli et propre à la menuiserie ; on en fait de jolis meubles ; il est aussi recherché par les tourneurs et les graveurs. L'écorce peut être convertie en une filasse propre à faire des cordes ou des toiles.

Néflier. Arbre qui s'élève à 5 ou 6 mètres. Toute espèce de terre lui convient, pourvu qu'elle ne soit pas trop aquatique. Il préfère cependant un sol substantiel et léger, et une exposition chaude. Il se multiplie de graine , de marcottes et par la greffe. Ses fruits ne sont mangeables que lorsqu'ils sont arrivés à un état voisin de la pourriture , qu'on appelle blétissement. Le bois du néflier est très dur, et sert à divers emplois.

Noyer. Arbre pouvant s'élever à une grande hauteur, dont il existe plusieurs espèces ; la plus importante est le noyer commun. Tous les terrains lui conviennent, mais il se plait surtout dans les terres douces, un peu fraîches et qui ont beaucoup de suc. On le multiplie par les semis, on l'améliore par la greffe. Semé à demeure, l'arbre enfonce plus profondément son pivot, et la pousse de sa tige gagne plus de dix ans sur celui qui a été transplanté, le tronc s'élève beaucoup plus haut et plus droit. On choisit, pour faire les semis, les amandes les plus grosses et qui donnent une huile plus abondante, et on les met en terre avant l'hiver ou au printemps, à une profondeur de 6 centimètres. Dès la troisième année, on commence à élaguer l'arbre par le bas, et l'on continue de même chaque année, laissant quelques branches basses qui servent à retenir la sève et à fortifier le tronc. Le noyer se greffe sur lui-même en sifflet et en écusson. Les noix, dont on connaît l'usage comme comestible, servent aussi à faire de l'huile ; on les récolte à l'époque de leur maturité complète. Les feuilles peuvent servir à la litière des bestiaux et donnent un bon fumier. Le bois de noyer est le plus estimé pour la menuiserie, l'ébénistere, et la construction de diverses machines, &.

Olivier. Arbre dont il existe plusieurs variétés. On cultive l'olivier commun dans les terrains cailouteux, sablonneux, sur les coteaux les plus arides, exposés au midi et au levant. Cet arbre se multiplie par rejetons, par boutures, par marcottes, par ses racines et par ses semences. Ces divers modes de reproduction se font à la fin de l'hiver. Les pieds provenant de rejetons, de marcottes ou de boutures, peuvent donner des produits dès la cinquième ou sixième année. Après cette époque les oliviers demandent peu de soins. On greffe cet arbre à trois ans, au mois de mai, en écusson et franc sur franc. Il fleurit au mois de juin. On le taille tous les 5 ou 6 ans, et lorsqu'il a déjà atteint cet âge. On cueille les olives au mois d'octobre et de novembre, pour en faire de l'huile. Le bois d'olivier est employé par les tourneurs et les ébénistes.

Orme. Arbre de première grandeur, dont il existe plusieurs variétés. Il croît dans tous les terrains et à toutes les expositions ; ses graines fournissent des plants l'année même où elles ont été récoltées ; il vit longtemps, ne craint pas la taille, et peut être transplanté jusqu'à un âge avancé. On peut aussi le multiplier par rejetons, par marcottes et par boutures. Les ormes venus dans les terrains secs sont meilleurs que ceux des terrains humides. Dans les sols arides, l'orme vient à un âge peu avancé : il périt au bout de trente ans. Le bois de l'orme sert à la menuiserie, à la charpente, à l'ébénisterie ; il est surtout précieux pour le charronnage, mais il faut avoir le soin de l'employer sec si on veut éviter qu'il se tourmente ; il se conserve sous l'eau et en terre, ce qui le rend propre à faire des tuyaux et des corps de pompe.

Peuplier. Arbre de première grandeur, dont il existe plusieurs espèces, savoir : le peuplier blanc, le grisard, le tremble, le noir, d'Italie, du Canada, de Virginie, de Caroline, argenté, à feuilles vernissées ou peuple liard. Les peupliers se plaisent sur le bord des rivières et dans les terrains humides ; ils prennent leur accroissement en peu de temps. On les multiplie par rejetons ou par boutures en hiver. Tous les 4 ou 5 ans, on peut en couper les branchages ; mais la plaie faite par la coupe des grosses branches doit être recouverte aussitôt avec l'onguent de Saint-Fiacre. Le bois de ces diverses espèces de peupliers sert à faire des boiseries, des meubles destinés à recevoir le placage en acajou, et même, dans les pays où le bois dur est rare, des poutres et des solives.

Pin. Arbre remarquable par sa hauteur, dont il existe un grand nombre d'espèces ; les principales sont : le pin franc ou commun, le maritime, du Nord, d'Alep, le sylvestre de Corse, de Riga. Les pins croissent dans les terrains légers, sablonneux, pierreux et montagneux. On les multiplie de semences, en automne ou au printemps, en mettant ensemble cinq ou six pignons dans des trous de 15 ou 20 centimètres de profondeur. On les transplante au bout de 3 ans. Lorsque la terre est nue, il est bon d'abriter les jeunes plants. Pour cela, on peut semer clair, soit le genêt balais, soit des cerisiers malaheb, ou des ronces. A mesure que les pins acquièrent de la force, on arrache ces plantes diverses. Le bois des pins sert pour la mâture, pour la charpente et la menuiserie ; on l'emploie pour fabriquer des tuyaux et des corps de pompes ; il sert aussi au chauffage, et on en fait un charbon excellent. Le suc résineux qui en découle fournit le goudron, le brais-gras, de la résine sèche et une huile essentielle employée dans la peinture.

Platane. Arbre de première grandeur, dont il existe deux espèces : le platane d'Orient et le platane d'Occident. Ces deux arbres viennent assez bien dans tous les terrains, pourvu qu'ils ne soient ni trop secs ni trop aquatiques ; ils se plaisent surtout dans ceux qui sont légers, profonds et frais. Ils se multiplient par semences , par marcottes et par boutures. La semence se répand aussitôt qu'elle est cueillie sans être enterrée ; on la fixe en l'arrosant de haut, et on la couvre ensuite de 1 à 2 centimètres de mousse ou de paille. Une fois levé, le plant ne demande, dans la première année que des sarclages et des arrosements. On les repique à la deuxième année. On emploie pour le marcottage les branches de l'année précédente. On les relève à l'entrée de l'hiver suivant, et on les transplante. Les boutures se font également avec du bois de l'année précédente , ayant un petit talon de deux ans et long de 33 à 66 cent. Ces deux opérations se font pendant l'hiver, Les platanes conviennent non-seulement pour les plantations en ligne, mais aussi pour les bois taillis. Le bois du platane a le grain fin , serré , susceptible d'un assez beau poli. On l'emploie à la charpente, à la menuiserie, à l'ébénisterie.

Robinier. Le robinier faux acacia, vulgairement appelé acacia , s'élève à 16 ou 17 mètres de haut. Il existe une vingtaine d'espèces de robiniers. Ils aiment un sol frais et profond ; ils croissent avantageusement dans une terre médiocre , les sables humides , les argiles caillouteuses. On les multiplie par racines, par rejetons et par graines On sème la graine au printemps. La transplantation se fait pendant l'hiver, lorsque l'arbre a atteint quatre ou cinq ans. Les robiniers se greffent sur eux-mêmes au printemps , en fente et en terre. Le bois de robinier est excellent, très dur ; on en construit des maisons, des courbes de vaisseaux , des pièces pour les moulins , des meules, des cercles , des échalas ; il sert aussi au charronnage.

Sapin. Arbre de première grandeur, dont il existe plusieurs espèces. Le sapin commun aime un sol léger , un climat froid et humide. Il peut cependant croître encore sur la croupe nord des coteaux ou des montagnes peu élevées , dans les sols argilo-calcaires. On multiplie le sapin de ses graines qu'on sème au printemps ; cette graine demande à être peu enterrée et abritée par des ombrages. Le plant peut être mis en place à quatre ou cinq ans. On récolte les cônes qui renferment la graine à la fin de l'automne. On ne doit élaguer avec beaucoup de soin que les branches mortes. Les sapins ne repoussent pas de leur tige après avoir été coupés. Le bois de sapin est d'un grand usage dans la menuiserie , la charpente, la marine. Il réunit la solidité à la légèreté. Le sapin fournit aussi la térébenthine du commerce.

Saule Arbre de deuxième grandeur, s'élevant de 8 à 10 mètres, et dont il existe plusieurs espèces; les principales sont : le saule marsault, le saule blanc, le saule de Babylone ou saule pleureur. Les saules s'accommodent de tous les terrains, mais surtout des terrains humides. On les multiplie de plançons, de marcottes et de boutures. Pour les plançons, on prend des branches de trois ou quatre ans, on les aiguise par le bout et on les enfonce ainsi dans la terre, avant ou après l'hiver. Les marcottes se font pendant tout l'hiver; les boutures se font au printemps. C'est en automne et pendant les jours doux de l'hiver que l'on fait la tonte des saules. Le bois de saule sert à la menuiserie et à faire des sabots et des échalas et des treillages.

Le saule jaune ou osier jaune, le saule amandier ou osier brun, le saule à larges feuilles ou osier blanc, et le saule rouge ou osier rouge, se cultivent dans beaucoup de lieux pour leurs rameaux, dont on fabrique des paniers, &. On les multiplie de boutures au printemps.

Sorbier. Le sorbier commun s'élève à plus de 16 mètres; toute terre lui convient, mais il préfère celle qui est substantielle et profonde. Il se multiplie de graines semées aussitôt qu'elles sont mûres; le plus sûr est de le semer en place et de l'abandonner à lui-même dans les haies et sur les lisières des bois. Sa croissance est lente. Son fruit sert à faire une boisson assez agréable. Le bois de sorbier est fort recherché par les menuisiers, les ébénistes, les tourneurs, les charrons et les machinistes.

Sycomore. Arbre de seconde grandeur, qui aime un sol léger, mais de bonne nature; il se multiplie de ses graines et de boutures; son bois est recherché parce qu'il est susceptible de prendre un beau poli; on en fait aussi des instruments de musique.

Tilleul. Arbre de première grandeur, qui aime un terrain frais, léger, profond. Il se multiplie de graines, de rejetons et de marcottes au printemps. La variété connue sous le nom de tilleul de Hollande, est recherchée pour son beau feuillage et sa facilité à prendre sous la serpe toutes les formes. Le bois de tilleul s'emploie par les menuisiers, coffretiers, tourneurs, parce que ce bois est tendre, quoique d'un grain serré. Les couches corticales servent à faire des cordages.

Troëne. Arbrisseau de la famille des jasminés, qui s'accommode de tous les terrains. On le multiplie de graines et de marcottes dans les bois et les haies. Une variété sert à l'ornement des jardins. On fait avec ses rameaux des ouvrages de vannerie.

Tulipier. Arbre de première grandeur, de la famille des magnoliers, croissant rapidement dans tous les terrains fertiles. On le multiplie de ses graines au printemps, et on le transplante quand il a atteint de 1 à 2 mètres. Cet arbre craint la serpette et est cultivé comme arbre d'ornement. Son bois a un beau poli et peut servir à l'ébénisterie.

Viorne. Arbrisseau qui atteint une hauteur de 3 à 4 mètres et qui aime les terrains humides. On le multiplie de ses graines semées aussitôt qu'elles sont mûres, ou par boutures ou marcottes au printemps. Quelques variétés de cet arbrisseau servent à l'ornement des jardins. Les jeunes pousses de la viorne commune peuvent remplacer l'osier pour la fabrication des ouvrages de vannerie, et son bois peut servir à faire un charbon propre à la fabrication de la poudre.

CHAPITRE CINQUIÈME.

Plantes d'agrément.

Les jardins d'agrément varient autant que le goût des propriétaires, soit qu'on les destine à la culture des fleurs, soit à celle des arbres. Mais la règle la meilleure à suivre, c'est qu'ils imitent autant que possible la nature, sans effort et sans contrainte. Les fleurs doivent être abritées des vents dominants, surtout de ceux du nord. Autrefois les allées des jardins étaient tracées avec une régularité qui les rendait monotones ; aujourd'hui elles suivent des détours, suivant la disposition du terrain, qui leur donnent un aspect plus varié et plus agréable. Les arbres n'y prennent pas, par la taille, des formes régulières ; on les laisse se développer en liberté, et le mélange de leurs feuilles et de leurs fleurs se prêtent une grâce mutuelle qui donne plus de charme aux plantations qui en font l'ornement. (V. les articles ci-après.)

Alcée. Plante connue sous le nom de passe-rose, portant des fleurs rouge-clair. Il y en a de plusieurs couleurs et à fleurs doubles. On la sème au printemps; mais elle ne fleurit qu'à la seconde année. Elle résiste aux grands froids, mais elle craint l'humidité.

Amaranthe. Plante dont il existe plusieurs espèces. Il en est de rustiques qui viennent naturellement, mais qui demandent une exposition méridionale. Il leur faut une terre substantielle, mais légère. L'amaranthe est une fleur qui ne se flétrit pas ; sa couleur est tantôt cramoisie, tantôt pourpre, tantôt jaune doré. On sème sa graine au printemps, sur couche et à une exposition chaude.

Amaryllis. L'amaryllis à fleur jaune vient en plaine et se reproduit par ses caïeux. Elle se plaît dans une terre légère et sablonneuse, mais elle craint l'ombre des arbres et des murs.

Aristoloche. Plante grimpante très propre à décorer les berceaux et les tonnelles. Elle se multiplie de graines et de marcottes. Elle demande une terre franche et légère, de la chaleur, et craint cependant le soleil.

Aster. Plante connue sous le nom de Reine-Marguerite, dont on cultive trois variétés : la double, la naine hâtive et celle à tuyaux. Cette plante se multiplie de graines en mars ou en avril. Lorsqu'elle a levé, on peut la transplanter en ayant égard aux couleurs.

Balsamine. Plante à fleurs variant du blanc au rouge foncé en se panachant et qui sont doubles ou simples. Une terre légère lui convient, et elle ne demande pas à être très fumée. Elle se multiplie de graines que l'on sème en place, à une exposition chaude, en mars et avril. On transplante au mois de juillet. On doit récolter la graine de balsamine un peu avant sa maturité, et ne choisir que celle des plus belles tiges et à fleurs doubles.

Bordure. On emploie, pour faire les bordures, les semis ou les plantations de gazon, de petits œillets, de statice, de violettes, de pensées, de sarriette vivace, de sauge à petites feuilles, de lavande, d'hysope et de pimprenelle, &.

Camélia. Arbrisseau de la famille des orangers, qui craint le froid et dont les fleurs sont éclatantes et belles ; elles sont blanches, rouges, panachées. Chaque année on en voit des variétés nouvelles obtenues par les semis qui se font au printemps à une exposition chaude, et qu'on peut transplanter en été.

Camérisier. Plante de la famille des chèvres-feuilles, qui donne ses fleurs au printemps et ses fruits à la fin de l'été. Il se reproduit de semences ou par les déchirements des pieds.

Céanote. Plante dont les fleurs sont blanches et légèrement odorantes. Elle demande de la terre de bruyère et de l'ombrage. L'hiver fait périr leurs tiges ; mais, au printemps, il en naît de nouvelles de leurs racines.

Céphalante. Joli arbuste originaire d'Amérique. Il aime une terre ombragée et légère, et se multiplie de ses graines au printemps. On peut le transplanter après la première année.

Chèvrefeuille. Arbrisseau grimpant qui porte des fleurs odoriférantes, et dont on se sert ordinairement pour les berceaux des jardins. Il se multiplie de graines et de boutures, mais surtout de marcottes. Il suffit de mettre ses rameaux en terre dans l'été pour avoir à l'automne des pieds propres à être transplantés. Le chèvrefeuille aime une terre légère et une exposition chaude.

Chimanthe. Arbrisseau remarquable par ses fleurs nombreuses, disposées en grappes et d'un blancheur éclatante. Il se multiplie de graines, de rejetons et de marcottes. Ces dernières réussissent quand elles sont placées dans un sol humide ou fréquemment arrosé.

Chrysocome. Plante vivace à fleurs petites et jaunes. Elle demande une terre légère et substantielle ; elle se reproduit de semis ou par éclat de ses pieds, au printemps. Le chrysocome de New-York se cultive de la même manière.

Clématite odorante. Plante grimpante dont on fait des berceaux et des tonnelles ; elle se multiplie par boutures, par séparation des vieux pieds et par semences.

Dahlia. Plante dont les fleurs sont de couleurs très variées et très belles. Elle se plaît dans les terres douces et substantielles. On la multiplie : 1° par la séparation des tubercules, depuis la fin de mars jusqu'à la fin d'avril ; on doit laisser à chaque tubercule une partie du collet de la plante, munie de quelques yeux ou de petits bourgeons ; 2° par bouture, au mois de juin ; on prend à cet effet des sommets de tige ou des rameaux longs de 10 à 16 centimètres ; 3° par semis, depuis mars jusqu'en mai, dans des terrines pleines de terre douce et substantielle, et on le transplante au mois de mai de l'année suivante. Cette plante demande de fréquents arrosages pendant l'été et l'abri pendant l'hiver.

Daphné. Plante remarquable par ses jolies fleurs roses ou blanches, d'un parfum agréable qui s'épanouissent au printemps. Cette plante se plaît dans les terres légères et fraîches, à une bonne exposition. On la multiplie de ses graines et de boutures au printemps.

Dauphinelle. Plante qui sert à former des bordures touffues, pressées, et dont les fleurs varient dans toutes les nuances du bleu, du rouge et du blanc, en se mêlant et se confondant. On la multiplie de ses graines en octobre. Les couleurs ne ses reproduisent pas par les semis : on ne peut en prévoir d'avance l'effet.

Direa. Arbrisseau dont les fleurs paraissent de très bonne heure et d'un aspect agréable. On le multiplie ds graines, de marcottes, et de boutures, en automne.

Dolic. Arbrisseau qui produit de jolies fleurs. Il aime une terre légère et un peu humide On le multiplie de graines, de drageons et de boutures, en automne.

Empoter. Ce qu'il faut le plus observer, quand on fait cette opération, c'est d'employer une terre bien préparée et d'une qualité supérieure, et de placer au fond du pot une matière solide pour empêcher les racines de passer par les trous destinés à faciliter l'écoulement des eaux. Quant aux plantes, il ne faut pas comprimer la terre autour des racines ; il faut seulement veiller à ce qu'il n'y ait pas autour d'elles de trop grands vides. Les arrosements doivent être renouvelés fréquemment et petit à petit, jusqu'à ce qu'on juge que la terre est suffisamment abreuvée. Les plantes nouvellement empotées doivent être tenues à l'ombre pendant quelques jours Pour dépoter, on cerne la terre contre les parois du vase avec un couteau, on renverse le pot sur la main gauche en faisant passer la tige de la plante, si elle est unique, entre les doigts mitoyens, et on frappe quelques coups du bord du pot, avec ménagement, sur un corps dur. Si la terre se trouve retenue par les racines qui peuvent être passées par le trou pratiqué au fond du vase, on coupe ces racines ras du fond et on obtient le dépotage.

Ephémérines. Plante dont les fleurs violettes sont disposées en bouquets ; elle ne s'élève qu'à 30 centimètres environ ; chacune de ses fleurs ne dure qu'un jour. Elle se plaît dans les lieux ombragés et sur le bord des eaux ; on la multiplie à l'automne par déchirement des vieux pieds ; ses semences lèvent avec facilité.

Fabagelle. Plante dont les fleurs blanchâtres et orangées fleurissent pendant une partie de l'été, et forment des touffes d'un aspect agréable. Elle se multiplie de semences, mises en terre en automne et qui lèvent au printemps suivant.

Gattilier. Arbrisseau appelé aussi *agnus-castus*, dont les fleurs, petites et violettes, sont disposées en longs épis à l'extrémité des rameaux. Tous les terrains lui sont bons, pourvu qu'ils soient un peu humides. On le multiplie de graines, de marcottes et de boutures faites au printemps.

Genêt d'Espagne. Arbrisseau dont les fleurs jaunes plaisent par leur bel aspect et leur douce odeur. Il croit dans les sols rocailleux et de nature sablonneuse. On sème sa graine au printemps, et on le transplante deux ans après.

Géranium. Plante qui offre plusieurs variétés, et dont les fleurs sont de diverses couleurs. Cette plante exige une bonne terre et craint le froid. On la multiplie de graines et de boutures au printemps.

Giroflier. Plante de la famille des crucifères, dont il existe un grand nombre d'espèces remarquables par la variété de leurs fleurs. Tous les terrains lui conviennent. On la multiplie de graines et de boutures au printemps. La giroflée jaune est celle qui se reproduit le plus facilement par boutures, en leur laissant un talon détaché du corps de la tige. Les giroflées doubles sont les plus recherchées ; on les reconnait à leur bouton gros et aplati.

Glaïeul. Le glaïeul commun est une plante vivace, à fleurs rouges, assez grandes, disposées en épis. Cette plante aime les terrains humides. On la multiplie de graines, mais mieux encore de ses cayeux, en automne. Elle fleurit l'été suivant.

Glycine. La glycine frutescente, à fleurs de plusieurs nuances de bleu, disposées en épis serrés et à tige ligneuse et frutescente, s'élève très haut. Elle se palissade contre des murs et des berceaux. Elle se multiplie par drageons enracinés, par marcottes et par graines.

Gnaphale. Plante connue sous le nom d'immortelle. Elle aime une terre légère et une exposition chaude. On la multiplie de graines, mais surtout de boutures, au printemps. Elle fleurit pendant tout l'été, et reste verte toute l'année. Les divers gnaphales se cultivent de la même manière.

Graine. On doit préférer, pour la semence, les graines les plus belles , et celles provenant des tiges les plus florissantes , excepté quand on veut, par des semis, obtenir des fleurs doubles. Dans ce cas, il faut préférer les graines d'apparence chétive et qui semblent dégénérer, et les conserver aussi longtemps que possible, ne les mettant en terre que lorsqu'elles sont sur le point de perdre leur faculté germinative.

Grenadille. Plante dont les tiges longues, sarmenteuses et flexibles, ornent, en grimpant, les murs ou les treillages auxquels elle s'attache ; et les fleur, qui se succèdent pendant l'été, ont une forme agréable et grandiose. Elle se multiplie de graines, de marcottes et de boutures, au printemps.

Hélénie. Cette jolie plante croît dans toute espèce de terrains , excepté ceux qui sont humides et argileux. On la multiplie de semence ou par séparation des vieux pieds.

Hélianthe. Plante connue sous les noms de : tournesol , soleil , fleur de soleil ; elle se plaît dans un bon fond, à une exposition chaude. On la multiplie de ses graines , sur place , au printemps. Ses grandes fleurs jaunes contiennent de graines noirâtres très nombreuses, qui sont fort du goût des oiseaux et de tous les animaux de basse-cour.

Héliothrope. Plante dont les jolies fleurs exhalent une odeur suave. Elle exige une terre légère et substantielle, et une exposition chaude. Elle craint le froid, et demande, l'hiver, la chaleur de l'orangerie. On la multiplie de rejetons, de marcottes et de boutures, au printemps.

Hémérocalle. Plante de la famille des narcissoïdes, dont les fleurs, grandes, belles et durables, ressemblent à celles du lys. Tous les sols et toutes les expositions lui conviennent. Elle se multiplie en automne par la séparation des vieux pieds, ou par les graines semées aussitôt qu'elles sont venues, mais dont les produits ne donnent des fleurs qu'après trois ans.

Hortensia. Arbrisseau remarquable par ses fleurs nombreuses assemblées en forme de boule ; elles sont d'une teinte rose agréable. Cet arbrisseau aime une terre légère , une exposition ombragée et des arrosements abondants ; il craint le froid ; on le cultive en pot généralement. Si l'on veut le mettre en pleine terre et en obtenir de belles tiges, il faut couper la plante ras de terre à la fin de l'automne, et à la pousse du printemps on lui laisse depuis deux jusqu'à douze rejets , suivant la force du pied.

Ibéride. Plante de la famille des crucifères, qui conserve ses feuilles toute l'année et fleurit en hiver. Elle se plaît dans une terre légère et à une exposition chaude. On la reproduit de boutons au printemps.

Iris. Plante de la famille des iridées , qui renferme de nombreuses espèces remarquables par la beauté de leurs fleurs. Les bons fonds leur conviennent. On les multiplie de leurs racines ; de cette manière , la plante donne des fleurs dès la première année.

Jacinthe. Plante de la famille des liliacées, dont il existe plusieurs espèces. Elle demande une terre d'autant plus légère , que la température est plus froide ou plus humide. On la multiplie de semences ou par ses cayeux, au mois de septembre. Par les semences, on obtient des variétés, par les cayeux, on les conserve.

Jasmin. Arbrisseau dont il existe plusieurs espèces. Il aime une terre légère, en même temps fraîche et chaude. On le multiplie de marcottes , de rejetons et de boutures, au printemps.

Julienne. Plante de la famille des crucifères, dont il existe plusieurs espèces remarquables par le nombre et l'éclat de leurs fleurs. Elle préfère une terre substantielle, quoique s'accommodant de tous les sols. On sème les graines en automne, ou on reproduit la plante au printemps par le déchirement des vieux pieds ou par boutures.

Ketmie. Plante plus connue sous le nom d'althea , ayant des fleurs de couleurs variées. Toute terre lui convient, pourvu qu'elle ne soit pas trop humide. On la multiplie de graines semées au printemps, ou de marcottes faites pendant l'hiver, qui reprennent dans la même année.

Kœlheutère. Arbre de la famille des savonniers, remarquable par ses jolies fleurs jaunes disposées en larges panicules aux sommets des branches. Il demande une bonne terre, et se multiplie de semences , de drageons et de boutures.

Laurier-rose. Arbrisseau toujours vert , dont les fleurs d'un rose tendre , sont doubles et d'un aspect fort agréable. Il craint le froid; s'il est cultivé dans des pots, il faut l'enfermer pendant l'hiver ; s'il est en pleine terre, il faut l'empailler. Il se multiplie au printemps par la division des vieux pieds , par drageons et par marcottes faits avec le plus jeune bois.

Lavande. Plante de la famille des labiées , qui conserve ses feuilles toute l'année et fleurit en été. Toutes les terres lui conviennent ; elle préfère cependant celles qui sont sèches et chaudes. On la multiplie de graines , par ses racines et par boutures , au printemps. On peut aussi en faire des marcottes en automne.

Lis. Plante dont il existe plusieurs espèces, qui sont presque toutes remarquables par l'élégance de leur tige , par l'éclatante blancheur et le parfum de leurs fleurs. Elle aime une terre à la fois légère et substantielle, et préfère l'exposition du levant et du midi. On la multiplie des ses graines et de ses cayeux. Pour détacher ces cayeux , on déplante les oignons de lis à la fin de l'été , lorsque la tige de la plante est fanée.

Liseron. Plante de la famille des convolvulacées, qui renferme de nombreuses espèces. Celles qui sont cultivées dans les jardins sont remarquables par la variété de leurs fleurs blanches , bleues , roses ou panachées. On les multiplie de graines semées en place au printemps.

Lobélie. Plante remarquable par la beauté de ses fleurs. Elle demande un sol léger et chaud, de l'ombre et des arrosements, et se multiplie de graines ou par le déchirement des vieux pieds.

Marguerite. Plante qui a servi de type au genre chrysanthème. Tous les terrains lui conviennent. On la sème au printemps, sur couche, et on la transplante lorsqu'elle a de 10 à 15 centimètres de haut. Elle fleurit en automne.

Métrosydère. Arbrisseau de la famille des myrtes, qui se plaît dans une terre légère et à une exposition chaude. Il se reproduit par drageons, par marcottes, par boutures et de ses graines.

Muflier. Plante d'un aspect agréable, qui s'accommode de tous les terrains, pourvu qu'ils ne soient pas trop humides, et qui se multiplie de graines semées au printemps, ou par le déchirement des vieux pieds.

Muguet. Plante de la famille des liliacées, dont plusieurs espèces répandent une douce odeur, et qui croissent dans les terrains frais et ombragés. On multiplie le muguet de ses racines, en automne.

Myrte. Arbrisseau remarquable par son aspect agréable, qui aime une terre sèche et chaude. Il se multiplie de graines et de marcottes au mois d'août.

Narcisse. Plante de la famille des narcissoïdes, qui renferme un assez grand nombre d'espèces de fleurs, la plupart odorantes et d'un aspect agréable. Les terrains frais lui conviennent. Elle se multiplie de ses cayeux levés à la fin de l'été et replantés à la fin de l'automne.

Œillet. Plante dont il existe plusieurs espèces, donnant des fleurs de couleurs très variées, et exhalant une odeur des plus agréables. Elle demande une terre substantielle plus légère au nord, plus forte au midi. On multiplie l'œillet par semis et par boutures au printemps, et par marcottes au mois d'août.

Oranger. Plante de la famille des hespérides, dont il existe plusieurs espèces et dont les fleurs blanches exhalent une odeur des plus suaves. Il se plaît dans les terres légères et chaudes; il a besoin d'arrosages modérés et fréquents. Il craint le froid et réclame l'orangerie pendant l'hiver. On le multiplie de graines, de marcottes et de boutures au printemps. On greffe l'oranger en écusson à œil poussant à la première sève, et à œil dormant à la seconde sève. On taille les orangers à la mi-mai. Le fruit reste de 12 à 15 mois sur l'arbre avant d'être mûr.

Oreille-d'ours. Plante recherchée pour l'éclat de ses fleurs veloutées et la facilité de sa culture. Elle demande une terre sablonneuse et fraîche. On la multiplie · 1° de graines qu'on sème en hiver, en la recouvrant fort peu ; quand elle a pris six feuilles, on la repique dans une plate-bande ; 2° par déchirement des vieux pieds en automne.

Ornithogale. Plante remarquable par sa tige cylindrique, terminée par un long épi de fleurs blanches et redressées. Elle aime une terre légère et chaude. Elle se multiplie de ses graines ou par la séparation de ses bulbes, au printemps.

Pervenche. Plante de la famille des apocynées. Les terrains légers et frais lui conviennent. Sa tige prend racine à chacun de ses nœuds. C'est par ce moyen qu'on la multiplie. La pervenche rose est un charmant arbrisseau qui reste vert ou en fleur pendant toute l'année.

Phlox. Plante de la famille des polémoniacées dont les fleurs rouges forment de grosses touffes qui durent très longtemps. Cette plante aime un sol gras et frais et brave les plus fortes gelées. Elle se multiplie très facilement par le déchirement des vieux pieds en automne et au printemps.

Pivoine. Plante de la famille des renonculacées, remarquable par la grandeur et l'éclat de ses fleurs qui varient dans les nuances du rouge et du blanc. Elle vient dans tous les terrains, excepté dans ceux qui sont très humides. On la multiplie de graines et surtout par ses tubercules, en automne. Si l'on met en terre un tubercule sans yeux, il faut avoir le soin de conserver une partie du collet.

Polémoine. Plante connue vulgairement soas le nom de valériane grecque, dont les fleurs bleues sont disposées en bouquet à l'extrémité de ses tiges. Elle se plaît dans tous les terrains. On la multiplie de semences ou par le déchirement de ses vieux pieds, en automue ou au printemps.

Prinos. Arbrisseau dont il existe deux espèces : le prinos verticillé et le prinos glabre. L'un et l'autre se plaisent dans une terre légère et un peu humide. Ils aiment l'ombre et le frais. Ils se multiplient de marcottes et de graines semées en automne.

Redoul. Arbrisseau qui porte des fleurs blanchâtres disposées en grappe. Il aime les bons fonds un peu chauds. Il se multiplie de graines, de rejetons et par l'éclat de ses racines.

Renoncule. Plante cultivée dans les jardins, qui offre un grand nombre de variétés, et dont les fleurs offrent avec profusion presque toutes les nuances de couleur. Toute terre noire et douce, les terres neuves, par exemple, celles qui sont tirées des fondations des maisons, des fouilles des caves, contribuent beaucoup à leur prospérité. Un peu d'humidité leur plaît, mais cependant il faut les arroser peu et avec précaution. La plantation se fait au mois de septembre et octobre; quand on a à redouter des hivers trop rigoureux, on diffère jusqu'au mois de décembre ou de janvier. On met en terre, à la profondeur de 7 à 8 cent . une griffe détachée de la vieille racine, à la distance l'une de l'autre nécessaire pour que le feuillage des plantes, dans le moment de leur développement, couvre entièrement le sol. La plante venue trouve sa nourriture dans des griffes nouvelles et tous les ans s'élève de l'épaisseur d'une griffe. Elle périrait au bout de deux ou trois ans, si l'on n'avait pas le soin de la recharger chaque année d'une terre nouvelle. Les renoncules se multiplient aussi par leurs graines, et c'est ainsi qu'on obtient des variétés. On reconnaît que la graine est mûre quand la couleur est verte. On sème alors sur-le-champ ou au printemps suivant.

Réséda. Plante de la famille des capparidées, dont les fleurs blanchâtres répandent une douce odeur et se succèdent pendant presque tout l'été. Elle aime une terre légère et sèche et une exposition chaude. On la sème toujours en place et lorsque les froids ne sont plus à craindre. On peut la conserver deux ou trois ans, en coupant ses tiges à l'automne, et en la mettant en serre pendant l'hiver.

Rhododendron. Plante de la famille des rosacées, dont les fleurs nombreuses, disposées en bouquets serrés et touffus à l'extrémité des branches, s'épanouissent au printemps et au commencement de l'été. Cette plante demande une terre de bruyère, de l'ombrage et de la fraîcheur. Elle se multiplie de semences ou de marcottes. Les semences sont mises en terre aussitôt qu'elles sont recueillies ; elles lèvent trois semaines après, mais elles ne donnent des fleurs qu'à la troisième ou quatrième année. Le rhododendron ferrugineux se couvre de fleurs rouges ; celles de rhododendron du Pont sont d'un violet plus ou moins foncé.

Rosier. Plante, type de la famille des rosacées, dont il existe un très grand nombre d'espèces et de variétés. Tous les terrains lui conviennent ; mais il réussit surtout dans les sols légers et frais, à une exposition chaude et aérée. Il n'exige que quelques binages pendant l'hiver et l'été, et le retranchement des branches mortes ou épuisées. Les rosiers se multiplient : 1° par semences, au commencement de l'hiver ; c'est par ce moyen que l'on obtient des variétés nouvelles, et des fleurs à la sixième ou septième année ; 2° par rejetons, au commencement de l'hiver ; c'est le moyen le plus prompt et le plus facile de multiplication ; 3° par marcottes, au printemps ; 4° par le déchirement des vieux pieds, pendant tout l'hiver ; 5° par boutures, au printemps, dans un lieu chaud et ombragé et sur couches ; 6° par la greffe, au printemps, en écusson à œil poussant, et en automne, en écusson à œil dormant. La taille des rosiers se fait au printemps, dans les premiers jours de mars : quand on veut avoir de plus grosses fleurs, on raccourcit les rameaux de manière à ne laisser qu'un ou deux yeux. Tels sont, résumés d'une manière aussi succincte que possible, les principes généraux de la culture des rosiers.

Silphion. Plante de la famille des corymbifères, à fleur jaune et d'une forme élégante. Elle demande une terre substantielle et un peu fraîche. On la multiplie par sa graine semée au printemps ; mais elle ne fleurit que la seconde ou la troisième année.

Souci. Plante de la famille des radiées, dont il existe plusieurs espèces à fleurs jaunes et variées. Une terre légère et substantielle est celle qui convient le mieux à cette plante. On la sème aussitôt que sa graine est mûre, en automne.

Syringa. Arbrisseau à fleurs blanches, répandant une odeur analogue à celle de la fleur d'oranger. Il se plaît dans les terres légères et chaudes. On le multiplie de graines, de marcottes et de boutures, au printemps.

Taget. Plante de la famille des corymbifères, à fleurs variées, de diverses couleurs, d'un éclat admirable ; on la sème dans un terrain bien préparé, dès que les gelées ne sont plus à craindre, on sarcle et on arrose le plant quand il est levé, et on le transplante lorsqu'il a 15 centim. de hauteur, dans des trous garnis de bon terreau.

Tubéreuse. Plante de la famille des narcissoïdes dont la hampe, haute d'un mètre environ, est terminée par un épi à fleurs blanches et odorantes. Elle aime une bonne terre et une exposition chaude ; on la multiplie de ses tubercules.

Tulipe Plante de la famille des liliacées, dont il existe un grand nombre de variétés. Elle demande une terre douce, plus sableuse qu'argileuse, des terreaux bien consommés. Les plâtres et les débris de démolitions sont un bon amendement pour elle. L'oignon de la tulipe se plante dès que les chaleurs sont passées. On multiplie aussi les tulipes par semis. C'est par ce moyen qu'on obtient des variétés nouvelles.

Tussilage. Le tussilage odorant, à racines vivaces, donne des fleurs suaves. Il aime une terre humide et substantielle et se multiplie avec une grande facilité par le moyen de ses racines qui poussent de nombreux rejetons de tous côtés. Il fleurit avant la fin des gelées.

Violette. Plante de la famille des violacées, dont il existe un grand nombre d'espèces. Elle se plaît dans les bons terrains un peu humides et ombragés. On la multiplie de graines et surtout par le déchirement des vieux pieds en automne.

CHAPITRE SIXIEME.

Indicateur des travaux pour chaque mois de l'année.

JANVIER.

Agriculture. C'est pendant ce mois que doivent s'achever les labours d'hiver. On continue de tailler la vigne quand il ne gêle pas trop fort ; on plante les échalas ; on fait le liage par le temps doux ; on chausse la vigne avec de nouvelles terres ou du terreau préparé ; on ramasse les sarments, on fait les provins quand le temps n'est pas trop froid ; on continue à faire les défoncements et les fossés des plantations des nouvelles vignes. On transporte des terres et des pierres pour la réparation des chemins ; on fait fonctionner les raies d'écoulement pour égoutter les terrains humides. On sème le pavot œillet ; sur la fin du mois on sème les féverolles, l'avoine, le trèfle, le sainfoin ; on peut encore semer du farrouch.

Arboriculture. On procède à l'abattage des bois et à leur exploitation, aux élagages, aux rajeunissements des arbres en plein vent et des haies vives ; on déblaie le fond des bois pour en obtenir de la litière. Vers la fin de ce mois, on reprend le taille des poiriers, cerisiers et pommiers ; on peut planter des arbres dans les terrains en bon état ; dans les terres humides on attend au mois de mars ; on s'occupe de préparer les bois propres à faire des boutures et des greffes par scions ; ces branches se conservent à l'ombre, enterrées pour les employer, les premières en février, les secondes de février à fin d'avril. On achève de semer les glands, les châtaignes, les noix et tous les noyaux.

Jardin potager. On peut pendant ce mois faire les semis de tous les pois hâtifs, de fèves de marais, de porreaux, d'oignons blancs hâtifs, de persil, de cerfeuil, de carottes, d'épinards, de laitues d'hiver. On peut semer aussi sur couche tiède, pour être replantés après la pousse des premières feuilles, les pois nains de Hollande, les haricots nains précoces, les radis, les laitues, les choux pommés hâtifs, et généralement tous les herbages qui sont d'un usage journalier. C'est la culture des melons qui exige les soins les plus minutieux. Il faut en cas de **gelée**, avoir le soin de couvrir les semis avec du fumier ou des feuilles. — Il en est de même pour les plants d'artichaut, de céleri, &. Il faut ouvrir les fosses où l'on mettra des asperges en mars et en avril; le fond du terrain reçoit ainsi l'impression de l'air, ce qui lui est très favorable.

Jardin d'agrément. On fait les transports de terre, les nivellements, les tracés, les bordures, les constructions de rocaille; il faut faire provision des diverses espèces de terre dont on a besoin. Les serres, les bâches, les cloches, les chassis exigent des soins assidus. On peut planter les oignons de tulipes et de jacinthes, les anémones, les renoncules et la pivoine rose. Sur la fin du mois, on peut semer les perce-neiges, les narcisses, les jonquilles et les crocus.

FÉVRIER.

Agriculture. On doit commencer à préparer les terrains qui doivent être mis en prairies. On sème les blés de mars, et l'orge; on sème aussi l'avoine, le trèfle de Hollande, le trèfle blanc, la lupuline, la luzerne, les sainfoins, les vesces, les pois, les carottes, les panais, les lentilles, les gesres, la chicorée sauvage, le lin, la pimprenelle, le pastel. On plante les pommes de terre hâtives, les topinambours; on herse les céréales d'automne; on bine les colzas et navette; quand le temps est sec, on fume les céréales d'automne; on fait pâturer les jeunes prés et les blés trop épais par les moutons. On termine, dans les vignes, la taille, le liage, et on achève de défoncer où l'on doit planter de nouvelles vignes; quant à la plantation, elle s'effectue en terre sèche, à la fin de ce mois; mais dans les terres humides, elle ne se fait qu'en avril ou en mai.

Arboriculture. On exploite les têtards; on achève de planter toutes les boutures; on continue les plantations et la taille des arbres; on rabat les sujets qui ont été greffés ; on bêche les arbres qui poussent hâtivement, tels que poiriers, cerisiers ; on se dispose à faire les greffes par scions. C'est le temps de semer diverses graines d'arbres, telles que : châtaignes, marrons, glands, noix, érables, poiriers, pommiers, &. Les arbres fruitiers doivent recevoir les engrais ou terreaux dont ils ont besoin. Si l'échenillage n'a pas été fait, il faut se hâter de le faire pendant ce mois.

Jardin potager. On détruit les anciennes couches épuisées, on en fait d'autres dans lesquelles on fait entrer le vieux fumier qui n'est pas consommé. On sème : poireaux, oignons, persil, épinards, cerfeuil, laitues, chicorée sauvage, panais, carottes courtes et demi-longues, salsifis, scorsonère, oseille, pois, et vers la fin du mois on risque les radis. On plante : l'ail blanc, les échalottes, les oignons du semis d'automne et les pommes de terre hâtives. On doit aussi se hâter de semer sur couches : tomates, aubergines, piments, céleris, choux pommés hâtifs, et gros cabus, du Goumbau ; on répète aussi sur couche les semis et plantation de la culture forcée ; mais on commence à faire plus larges et moins hautes les couches, parce que les grands froids sont passés.

Jardin d'agrément. On enlève les branches mortes et tous les bois inutiles des arbres et arbrisseaux ; les massifs doivent être bêchés. On fait les semis de gazon qui n'ont pas été faits en automne ; on distribue les engrais, et on bêche toutes les parties du jardin où l'on doit mettre des plantes vivaces ou annuelles ; on plante en mottes les fleurs bisannuelles et vivaces ; on sème : dauphinelle, pavots, nigelles, thlaspic, cynoglosse, gazon de Mahon, centaurées variées, clarkia, pois de senteur, soucis, &. On commence à semer aussi sur couche la série de plantes annuelles qui fleurissent en été et en automne, telles que : balsamines, reines-marguerites, zinias, quarantaines, œillets et roses d'Inde, coreopsis, &. On commence à donner aux plantes de serre des arrosements plus fréquents et plus abondants, en ayant soin de rapprocher les plantes grasses de la lumière.

MARS.

Agriculture. On doit faire certains labours, des hersages, des binages et des sarclages. Les terres compactes ne doivent être façonnées qu'autant qu'elles sont bien ressuyées et que le temps est au sec. On donne une première façon aux vignes ; on achève le semis en terre froide des diverses plantes fourragères ; on plante la garance ; on répand le plâtre sur les trèfles , les luzernes et le sainfoin ; on herse les céréales d'automne ; on serfouit le colza, la navette d'hiver; on fume le froment; on étend les taupinières dans les prairies. Tous les travaux de ce mois sont d'une grande importance.

Arboriculture. On s'occupe de la plantation des arbres résineux. On taille les arbres les plus vigoureux, afin de les rendre plus féconds ; on surveille l'épanouissement de l'amandier, l'abricotier et le pêcher, pour les tailler et les attacher à leur treillage; on fait une façon à la bêche, et on achève de rabattre les sujets greffés; on continue de greffer en fente, en couronne et toutes les greffes par scion; on commence à greffer à œil poussant les sujets qui sont en sève, tels que mûriers, poiriers, &.; on commence l'ébourgeonnement des arbres et des vignes. Les cognassiers, les lauriers-tins, les vignes , & , doivent se marcotter pour augmenter le nombre des sujets. Pendant les nuits froides, et pendant qu'il pleut, on couvre les espaliers fleuris avec des paillassons , des toiles ou des perchées de fougère. On achève de semer les pepins de poiriers , de pommiers , ainsi que toutes les graines d'arbres qui n'auraient point été semées le mois précédent.

Jardin potager. Il faut apporter un grand soin à bien ameublir la terre et la fumer d'une manière convenable. On sème : betterave , carotte, cardon, céleri, cerfeuil, ciboule, chicorée sauvage et frisée hâtive , concombre, chou-navet, laitue, melon, navet hâtif, oignon, oseille, panais, persil, pois, poireaux, pourpier, poirée à carde, radis, salsifis, scorsonère, roquette. On sème sur couche une série de plantes qui craignent le froid, telles que : tétragone, goumbau, melon, concombre, haricot, &. On peut encore planter et semer avantageusement des asperges ; on commence à déchausser les artichauts, et à œilletonner pour en faire de nouveaux carrés. On achève de planter les porte-graines, telles que : carottes , céleri, chicorées, navets , betteraves , &. C'est à cette époque que l'on sème avec plus de chance de succès les choux de diverses espèces; pour aider leur végétation, il faut de bons engrais et de fréquents arrosements. Les jeunes semis ont besoin d'arrosements légers et fréquents, surtout lorsque le temps est sec.

Jardin d'agrément. On complète les façons que l'on veut donner à la terre , et on termine les plantations d'arbres , d'arbustes et plantes vivaces. On commence à employer les couches pour faire avancer une foule de produits et pour rétablir les plantes malades ; on active la végétation des dahlias afin qu'ils produisent des bourgeons ou jeunes tiges. Ces jets se coupent ou s'étalonnent pour en faire des boutures forcées, que l'on doit toujours planter de préférence aux tubercules ; c'est le moyen d'avoir les plus belles fleurs de dahlia. Les semis des fleurs sont les mêmes que ceux qui sont indiqués pour le mois d'avril ; mais il est nécessaire dans ce cas qu'ils soient faits à une exposition chaude. On renouvelle aussi, si cela est nécessaire, les semis faits en automne des pieds d'alouettes , pavots , résédas. &. On commence à sortir beaucoup de plantes de serre, telles qu'orangers, lauriers-roses, jasmins, verveines, &. C'est le moment favorable pour les rempoter. Les plantes qui doivent rester encore dans les terres ont besoin d'être abritées contre les coups de soleil.

AVRIL.

Agriculture. Pendant le mois d'avril, il ne doit plus rester de terre en friche. Si tout n'est pas ensemencé ou planté, tout doit être au moins labouré. On sème : le maïs, les haricots, le chanvre, la cameline ; on peut renouveler les semis de pois, de carottes, de panais, et, en général, de toutes les plantes fourragères ; sur la fin du mois , on sème les millets, les panis, les sorghos, le moha de Hongrie , et on fait les derniers semis de lin. On continue la plantation de pommes de terre. Toutes les cultures sarclées doivent être activement façonnées.

Arboriculture. On s'empresse d'achever la taille des arbres, de la vigne et généralement de tous les arbrisseaux et arbres d'ornement ; on termine les greffes par scion de tous les arbres et de la vigne ; si on craint que les gelées qui surviennent encore pendant ce mois ne nuisent aux fleurs des espaliers, il faut les couvrir avec des paillassons ou des toiles. On s'occupe de l'ébourgeonnement de la vigne et des arbres fruitiers ; on achève l'échenillage et on met des tuteurs à tous les sujets qui en ont besoin. On doit interdire le pacage des animaux dans les bois, si on ne veut pas que leurs pousses soient endommagées.

Jardin potager. On continue tous les travaux faits en mars ; les fortes gelées n'étant plus à craindre, on peut planter ou semer plus abondamment toute sorte de légumes , tels que : betteraves, carottes, cardons, céleris , cerfeuil , ciboule , chicorée sauvage et frisée , scarolles d'été , concombres, cresson alénois, choux pommés variés, choux-raves, choux-navets, épinards, haricots, laitues, melons, navets hâtifs, oignons, oseille, panais, persil, pois variés, poireaux, pourpiers , poirés à carde , radis , roquette, salsifis, scorsonère, tétragone ou épinard d'été. On commence à mettre en place les tomates , les piments , les aubergines et tout ce qui doit se transplanter. On termine de déchausser les artichauts, de les œilletonner et d'en planter à neuf. On doit arroser souvent , mais avec la précaution de faire cette opération le matin ou dans la journée , à cause de la fraîcheur des nuits.

Jardin d'agrément. Les massifs doivent être bêchés et leurs bordures réparées ; on fauche les gazons. Les graines que l'on peut semer sont : ombrette musquée , adonide d'été , ancolie , amaranthe , basilic · balsamine, belle de jour, centaurée, clarkia, capucine, correopsis, cynoglosse, croix de Malte, crépide, dahlia, datura, eutoca , escolzia , écrémocarpe, fedia gracilis; fraxinelle, gillias, hellenium, immortelle, ibéride, ipomées, lotier, malopée, muflier, nigelle, nolane couchée, onagre, œillet, pavots, pensées , dauphinelle, quarantaine, reine-Marguerite, réséda, rose d'Inde, salpiglossis, soucis , thlaspis, valériane, volubilis, zinia. Les lilas, alaternes, fillarias, boules de neige , magnoliers, rhododendrons, doivent se marcotter si on ne l'a pas fait au mois de mars. C'est le temps de sortir toutes les plantes de serre tempérées et de commencer sérieusement les rempotages devenus nécessaires.

MAI.

Agriculture. On achève en mai de semer le chanvre ; on continue de semer les millets, panis et sorghos , les choux fourrages , tels que : colza, rutabaga; c'est le temps de semer en grand les haricots , le sarrasin , le moha de Hongrie ; on donne la seconde façon aux vignes et à toutes les cultures sarclées. On commence à faucher , pour les faire sécher, les farrouchs, les trèfles, les luzernes, les vesces, les dragées. On surveille les ruches pour ne pas perdre les essaims qui émigrent. C'est en mai que se nourrissent de fourrages verts les bestiaux, en les leur donnant à l'écurie ou en les faisant pacager. Il vaut mieux toutefois les nourrir à l'étable que de les faire pacager sous le rapport de l'augmentation des fumiers , et pour éviter le danger de la météorisation.

Arboriculture. Une surveillance, active, constante doit être exercée sur le développement des arbres ; le palissage des espaliers, l'ébourgeonnement, sont deux opérations importantes qui doivent être faites avec soin ; le pincement s'applique aux arbres fruitiers ; les greffes à œil poussant des rosiers se commencent ; on fait celles en approche.

Jardin pstager. On peut renouveler tous les semis d'avril ; on sème à l'ombre le cerfeuil, l'épinard, le cresson alénois ; on sème en grand les haricots ; on sème encore du chou de Milan et de Bruxelles. Sur la fin du mois on sème du chou-fleur ; on plante à demeure les goumbaus, les batates douces, des tomates, des piments, des choux pommés blancs de toutes variétés, l'oignon, le poireau, les aubergines, les plants des diverses salades, & ; on fait de fréquents serfouissages et des arrosements réguliers et abondants.

Jardin d'agrément. On met en place tous les plants de fleurs qui sont assez forts. Il est convenable de continuer les semis de fleurs annuelles et de les renouveler tous les quinze jours environ, afin d'avoir des fleurs pendant tout l'été. C'est le moment de faire le plus grand nombre de boutures. On achève de sortir les plantes des serres chaudes. Il faut arroser souvent quand le temps est sec. C'est pendant ce mois que les jardins exigent des travaux assidus et multipliés.

JUIN.

Agriculture. On fait la récolte de tous les foins de prairies naturelles et artificielles ; on commence la moisson de certaines céréales ; on doit faire un labour aussitôt après la moisson ; c'est le moyen de détruire les mauvaises herbes et d'obtenir des récoltes pour l'automne ; à cet effet on sème : betteraves, carottes, haricots, navette, colza, &. On fait le lavage et le pincement de la vigne, lesquels consistent à réunir et à attacher soit ensemble, soit à l'échalas, tous les bourgeons et de couper leur sommet au-dessus de la ligature. On profite de la haute température de juin pour tondre les moutons et faire saillir les brebis.

Arboriculture. On continue le palissage des espaliers pour maintenir l'équilibre de leur végétation ; on continue l'ébourgeonnement et l'on supprime les bourgeons gourmands. Les greffes à œil poussant et en approche se continuent ; on doit avoir soin de donner des façons aux arbres, afin de ne pas les laisser envahir par les herbes.

Jardin potager. On fait les derniers semis de betteraves , de carottes, de salsifis, de haricots ; on commence à semer tous les navets, les radis noirs, les chicorées frisées et searolles ; on continue les semis de choux-fleurs et on fait ceux de choux-brocolis blancs, rouges et choux-fleurs de Malte ; on peut semer aussi des pois hâtifs. On doit récolter les melons de primeur. C'est dans ce mois que les arrosements doivent être abondants.

Jardin d'agrément. On met en place toutes les fleurs d'automne, telles que : balsamine, belle-de-nuit , passe-velours, rose d'Inde, Reine-Marguerite, zinias, &. Il est nécessaire de soutenir les plantes qui en ont besoin au moyen de tuteurs solides ou d'échalas. On peut couper les tiges de certaines plantes lorsque les fleurs sont passées ; on ne conserve que celles dont on veut obtenir la graine. C'est vers la fin du mois que l'on doit tailler les rosiers remontants, afin d'assurer une bonne floraison pour le milieu de l'été. Il est surtout essentiel d'arroser si l'on veut jouir de toute la beauté des fleurs que l'on cultive.

JUILLET.

Agriculture. On récolte le froment et autres céréales ; on procède aussi à la récolte du chanvre mâle et du lin ; on effectue le battage ou dépiquage et on vanne quand le temps le permet. On doit herser les semis qui ont été faits après la récolte de diverses céréales ; huit ou dix jours après, on donne un serfouissage aux semis de carottes , de navets et de raves ; on doit ensuite éclaircir en laissant 20 centim. de distance entre les plants de carottes, et 25 centim. entre ceux de navets et de raves.

Arboriculture. On choisit sur les arbres et les arbrisseaux dont les boutures et les marcottes sont d'une reprise lente, les parties que l'on devra employer pour ce genre de multiplication, et l'on pratique l'incision annulaire pour provoquer la formation de bourrelets qui devront assurer et hâter la reprise des boutures et des marcottes pour le commencement du printemps suivant. On fixe définitivement chaque bourgeon à la place qu'il doit occuper sur l'espalier ; on effeuille modérément le voisinage des fruits pour qu'ils prennent leur coloris ; mais cette opération ne doit se

commencer que huit jours avant la maturitée ; on continue l'ébourgeonnement ; on commence à greffer divers sujets en écusson à œil dormant ;
les greffes à œil poussant des rosiers se continuent.

Jardin potager. On sème : betteraves hâtives, carottes courtes et
demi-longues, haricots nains hâtifs, tous les navets, les radis noirs, les
chicorées frisées et escarolles, divers herbages (mais à l'ombre), tels
que cerfeuil, épinards, raiponce, laitues, pois ; on plante les pommes
de terre; on met en place les choux de Milan; les choux-fleurs ordinaires
de Malte, et sur la fin du mois, les brocolis blancs et violets ; on sème,
en prévision, vers la fin du mois, les choux d'York, les oignons, du
poireau, des carottes, des ciboules, des salsifis et des scorsonères. On
surveille la récolte des graines au fur et à mesure qu'elles mûrissent; on
ne doit pas semer, pour récolter au printemps, des graines trop nouvelles, parce que les plantes pourraient monter. Il faut arracher les
échalottes et l'ail ; on récolte les melons de couche sourde et de cloche.
On arrose abondamment dans ce mois.

Jardin d'agrément. On achève de mettre en place tous les
plants de fleurs d'automne. On replante le lis blanc, les amarillis
d'automne, &. ; on sème encore du réséda, du gazon de Mahon,
des thlaspics, des nigelles, de centaurées, des passe-rose, des
œillets de poète et généralement toutes les plantes bisannuelles de pleine
terre. On peut, vers la fin du mois, commencer le marcottage des œillets.
Il est un certain nombre d'oignons et de griffes qu'il faut retirer de terre
pour les y replacer en automne. On fait la tonte des charmilles, celle
des haies et autres arbres et arbrisseaux formant rideaux et berceaux. On
entretient les allées et on arrose abondamment.

AOUT.

Agriculture. On commence les travaux de prévision qui ont pour
but des produits pour l'hiver et pour le printemps et l'été suivants. Ainsi
les semis de raves et de navets, ceux de spergule, de sarrasin, ceux
de maïs pour fourrages verts, sont destinés à être récoltés en automne
et en hiver; les semis de chicorée sauvage, ceux du trèfle farrouch, de
navette, de colza, &., sont destinés, les uns à donner des fourrages
pendant tout le printemps et les autres des graines en été pour faire
de l'huile. Tous les terrains qui ne sont pas mis en valeur par ces sortes

de semis, n'en doivent pas moins être cultivés en bons labours de préparation pour les semis d'automne; on s'occupe des transports d'engrais, terres, &. On donne les dernières façons à la vigne pour favoriser la maturité du raisin.

Arboriculture. Il faut donner une bonne façon au pied des arbres; on continue les greffes en écusson à œil dormant sur tous les arbres fruitiers, mais il ne faut faire qu'à la fin du mois celles des fruits à noyaux, tels que cerisiers, pêchers, amandiers, abricotiers; on ébourgeonne encore; on applique l'opération du pincement dans le but de provoquer la formation de nouveaux boutons à fruits; on continue le palissage des espaliers et contre-espaliers; on effeuille modérément les fruits pour accélérer la maturité.

Jardin potager. On continue de semer : les divers oignons, les chicorées frisées, les scaroIles d'hiver, les divers navets, la mâche ou doucette, du poireau, des salsifis, des scorsonères, de la carotte hâtive, tous les choux d'York et autres pommés hâtifs, des laitues gottes et de la Passion, la laitue brune, la romaine rouge et verte, des épinards, du cerfeuil, du cresson alénois; mais ces trois derniers à l'ombre. On doit arroser les artichauts qui fournissent encore, et, en ménageant les œilletons qui poussent du pied, couper les tiges qui ne donnent plus. Vers le milieu du mois on met en place les choux-fleurs, les brocolis, les choux de Milan ou pommés frisés, les chicorées, les scaroIles, les laitues de Gênes et blondes d'été. Il faut aussi arroser, biner, sarcler, lier, empailler les divers légumes. On peut replanter les bordures de thym, oseille, hysope, estragon, lavande, &.

Jardin d'agrément. On continue de faucher les gazons ; on s'occupe du second rempotage annuel; on peut replanter en motte les reine-marguerites, les balsamines, &.; on sème les graines de : adonides, centaurée, clarkia, correopsis, cynoglosse, crépide, escolzia, gillias, muflier, nigelle, pavot, pensée, pied-d'alouette, quarantaine, thlaspsics, valériane, On continue de marcotter les œillets; on soigne les récoltes de graines en mettant à l'abri toutes celles qui ne peuvent s'éplucher de suite. Il faut arroser beaucoup.

SEPTEMBRE.

Agriculture. On commence la récolte des pommes de terre , du maïs ; on commence aussi à arracher les betteraves , les carottes ; on laboure pour semer le trèfle incarnat , la chicorée sauvage, la spergule , les vesces, la graine de foin , les féverolles d'hiver , et pour planter le colza ; on façonne, on bine les navets , raves, colza et navette. On laboure par un temps sec pour semer le seigle et l'orge et courgeon ; sur la fin du mois, on peut commencer à semer le froment dans les terres humides et divers fourrages ; on répète encore les semis de farrouch dans les terres légères. On commence les vendanges et on les continue au fur et à mesure que les raisins parviennent à leur maturité.

Arboriculture. On donne la dernière façon aux arbres des pépinières ainsi qu'aux pieds de ceux des vergers , ou placés dans les autres cultures. Avant le 15 , on doit achever toutes les greffes par gomme , qui restaient pour cette époque ; ce sont : les pèchers sur franc , les abricotiers sur mirobolan, les amandiers et les pommiers. On continue l'effeuillage.

Jardin potager. On continue pendant ce mois les mêmes travaux de prévision qu'en août; on plante pour récolter en hiver, des chicorées, des scarolles, &.; on sème à une exposition chaude, des radis, épinards, cerfeuils, cresson; les autres semis se font en plein air. On replante les bordures d'oseille et celles de toutes les plantes vivaces. On s'approvisionne d'engrais de litière pour faire les couches et on prépare les terreaux qui doivent former sur les couches la terre végétale des primeurs des cultures forcées. On butte ou on empaille pour les faire blanchir le céleri, les cardons, les cardes poirées, la chicorée frisée, la scarolle , etc. On s'occupe de la construction des premières meules de champignon.

Jardin d'agrément. On s'occupe des transports de terre pour effectuer les changements que l'on veut faire subir aux jardins. On peut renouveler les mêmes semis de fleurs qu'au mois d'août ; sur la fin du mois, on repique, ou même on met en place celles du semis du mois précédent, telles que : clarkia, correopsis, cynoglosses, crépides, escolzia. gillia, muflier, onagre, pensée, quarantaines, thlaspsics, valérianes.

OCTOBRE.

Agriculture. On continue les labours; on sème le froment et autres céréales, telles que : méteil, orge carrée, orge escourgeon, épeautre; on sème aussi les graines de foin, les vesces et pois bisaille, le trèfle incarnat et même de Hollande et la luzerne. On s'occupe de curer les fossés d'écoulement, afin d'assurer, pendant tout l'hiver, le débit des raies d'égouttement.

Arboriculture. On s'occupe, après la récolte des fruits, de garnir le pied des arbres d'engrais ou de bonne terre neuve que l'on enterre par une façon. On fait le dernier élagage des arbres à hautes tiges; on peut s'occuper, dans les bons terrains, de plantations, en ayant le soin d'arracher préalablement les feuiles des arbres; il convient que les fosses où doivent se planter les arbres soient faites longtemps à l'avance. On peut, vers la fin du mois, tailler les arbres en commençant par ceux dont les feuilles sont tombées, et par ceux aussi qui sont chétifs.

Jardin potager. Dans les terres sèches et aux expositions abritées du nord, on peut semer : carottes courtes, hâtives et demi-longues, cerfeuil, cresson alénois, épinards, laitues pommées et romaines d'hiver, mâche ou doucette. Sur la fin du mois, on fait en grand les plantations d'oignons provenant de semis de fin juillet et commencement d'août; on forme des planches de choux pommés précoces, tels que choux d'York, cabage, pain de sucre, cœur de bœuf, de Bacalan et autres; lesquelles planches, abritées en hiver pendant les nuits froides, fourniront d'excellents plants que l'on peut mettre en place fin janvier et commencement de février; souvent aussi on met en place en octobre les plants de choux des semis du mois d'août. On coupe les tiges des anciens pieds d'asperges, on en plante de nouvelles, et on peut en semer; on coupe et on nettoie les tiges d'artichauts. On plante l'ail et les oignons porte-graines; on continue de faire blanchir certaines plantes, telles que : céleri, cardons, chicorées frisées et scarolles; on récolte les giraumonts, les potirons et les citrouilles.

Jardin d'agrément. On replante les mêmes sujets qu'en septembre, puis on continue de semer en place : centaurées variées, clarkia, coquelicot, cynoglosse, gillias, gazon de Mahon, nigelles de Damas et d'Espagne, pavots, pied-d'alouettes, pois de senteur, soucis, thlaspics; on commence à planter : perce-neige, narcisses, jonquilles, crocus, jacinthes, tulipes, renoncules, anémones, &. Il faut couper les tiges des plantes vivaces qui ne donnent plus de fleurs. On doit rentrer les plantes de serres chaudes, et vers la fin du mois, celles des serres tempérées ; il faut avoir le soin de ne rentrer les plantes que par un beau temps et quand leurs feuilles sont sèches.

NOVEMBRE.

Agriculture. Les semis de froment et de diverses céréales se continuent. On laboure les terrains que l'on destine à être mis en valeur au printemps. On fait les façons et la taille de la vigne ; on assainit les terres humides en leur procurant un bon égouttement; on récolte, en cas de gelées ou de grandes pluies, toutes les racines alimentaires, telles que: pommes de terre, rabioles, navets, choux rutabaga, carottes, betteraves, topinambours, &.

Arboriculture. On commence à exploiter les bois de chauffage ainsi que les bois de service de tout genre ; on continue la plantation des arbres, en exceptant toutefois ceux qui ont les racines trop délicates, tels que les arbustes de terre de bruyère et les arbres résineux, et qu'il est plus convenable de planter au printemps. On peut commencer la taille des arbres fruitiers et autres ; on sème les noix, les châtaignes, les glands, les aubépines, les noyaux de pêches, de prunes, d'abricots, &. On doit s'appliquer à ramasser les feuilles tombées pour mêler avec du fumier, pour couvrir les plantes qui ont besoin d'être abritées, pour faire du terreau.

Jardin potager. On continue de transplanter toutes les plantes indiquées dans le mois précédent. En cas de grandes pluies ou de fortes gelées, on fait la récolte des produits qui doivent servir à l'approvisionnement, et on couvre les artichauts avec de la litière ou des feuilles. On commence le chauffage des asperges, soit sur place, soit en supprimant les vieux pieds; on commence à préparer les couches pour la culture forcée des radis, laitues, épinards, haricots et pois nains précoces, carottes, cerfeuil, persil, oseille, cresson, fraisiers, melons, &. Vers la fin du mois, on peut semer les fèves de marais et les pois de toutes les variétés hâtives, &.

Jardin d'agrément. On continue la plantation des oignons et griffes de fleurs indiqués pour le mois précédent, tels que narcisses, tulipes, jacinthes, &. ; on replante les plantes vivaces afin qu'elles fleurissent mieux l'été suivant ; les végétaux logés en serre exigent des soins assidus, ils ne doivent point souffrir du défaut d'air, de lumière, de propreté et d'arrosement. La construction de nouveaux jardins, la réparation, la modification ou le complément de ceux déjà existants, se pratiquent favorablement pendant ce mois.

DÉCEMBRE.

Agriculture. On peut continuer de faire dans le commencement de ce mois des semis de froment ; et, s'il ne gèle pas trop fort, on peut semer aussi tous les pois hâtifs, les fèves, les avoines d'hiver et les gesces. On s'occupe de défoncements, de nivellements, de remblais, des travaux de chemins vicinaux, et du transport des matériaux de toutes sortes. On tue et sale les porcs ; on engraisse les dindes, oies, canards, chapons, &. On récolte les dernières pommes de terre, carottes, betteraves, rabioles. On doit visiter souvent les raies d'écoulement pour s'assurer qu'elles fonctionnent sans aucun obstacle.

Arboriculture. On continue l'exploitation des bois et la tonte des haies. Quand il ne gèle pas trop fort, on continue la taille des arbres. Pendant les temps doux, on continue activement la plantation des arbres à feuilles caduques ; on fournit aux vergers des engrais ou de nouvelles terres, et on bêche le pied des arbres ; on défonce les terrains que l'on doit mettre en pépinière ; on abrite de paille, de feuilles sèches les jeunes semis d'arbres, tels que : sapins, pins, cèdres et autres résineux.

Jardin potager. Pendant qu'il ne gèle pas, on continue de semer des pois et des fèves ; on fait usage des châssis et des cloches ; on sème des cornichons, des melons, et l'on répète les semis de toutes les plantes de culture forcée ; on s'occupe de défoncements, et d'enterrer les fumiers ; on s'occupe, à l'abri, de la fabrication des abris de toutes sortes, de la réparation et l'entretien des instruments et outils, de la préparation des tuteurs, de l'épluchage des semences, des soins à donner aux plantes alimentaires qui forment l'approvisionnement, &.

Jardin d'agrément. On continue activement les travaux neufs ;

on sème les gazons ; on replante les bordures ; on peut planter divers arbrisseaux. Les plantes en serre exigent beaucoup de soins pour entretenir une chaleur suffisante , surtout pendant la nuit; les brasiers que l'on y introduit doivent avoir dégagé leur acide carbonique , qui serait nuisible aux plantes ; en même temps que les serres se chauffent, il faut renforcer les couvertures sur les vitrages ; on doit, pendant le jour, avoir le soin de renouveler l'air des serres , et de les refermer avant que le soleil disparaisse.

FIN.

—

Propriété de l'Auteur.

—

TABLE DES MATIÉRES.

CHAPITRE VI.

Toulouse, imp. Troyes Ouvriers Réunis , rue Saint-Pantaléon , 3.

il il lui a enlevé du doigt l'anneau donné par Lucie
un semblable qu'il donne à Asthon.

hon engage Lucie à oublier Egard qui ne pense
our preuve il montre l'anneau dont Egard s'est
que Lucie se désespère on entend des fanfares.
it, demande Lucie. — *C'est Arthur, ton époux*

IION.	LUCIE.
hants de fête ?	Ah ! des pleurs au lieu de fête !
n qui s'apprête.	Que le deuil voile ma tête,
ier ta tête ;	C'est ma tombe qui s'apprête ;
ureuse encor.	Le malheur, voilà mon sort.
ix, ô Lucie !	Dieu ! sous ma douleur je plie,
qui supplie ;	Entends ma voix qui supplie ;
plendeur ravie ;	Viens m'arracher à la vie ;
tu tiens mon sort.	Pour bienfait j'attends la mort.

hur, accompagné de ses amis, vient pour épou-

ie, pâle et défaillante, est introduite. On signe

ve Edgard qui, voyant la signature de Lucie au
crie anathème et la maudit avec tous les siens.
'expliquer et tombe évanouie.

TROISIÈME PARTIE.

communication entre les appartements du château d'Asthon.

et 3. Edgard vient au milieu de la fête provoquer
pte son défi.

DUO	ASTHON.
arène	Sers-lui de suaire,
haine	Sanglante poussière :
mène	Sans croix, sans prière,
e feu.	Qu'il meure sous mon pié ;
le	Que, faute du glaive,
iens, guide	Le poignard achève
préside	Son œuvre sans pitié.
de Dieu.	Ni grâce, ni pitié.

. Raymond vient annoncer un malheur terrible.
retirée dans ses appartements, la raison égarée,
ux d'un coup de poignard.

. Lucie accourt ; ses cheveux sont en désordre ;

OUVRAGES DU MÊME AUTEUR.

—

Connaissance des plantes médicinales, contenant les diverses dénominations de 160 plantes, l'époque et les lieux où elles croissent, la description physique, et les parties usitées ; les procédés pour la récolte et la conservation ; les préparations, les doses et les propriétés spécifiques ; les cas dans lesquels elles sont généralement employées. — Deuxième édition, 1 vol. in-12. Prix : 3 fr.

Dictionnaire d'hygiène alimentaire, traité des aliments, leurs qualités, leurs effets, le choix que l'on doit en faire selon l'âge, le sexe, le tempérament, la profession, les saisons et l'état de convalescence. — Troisième édition, 1 vol. in-12. Prix : 2 fr.

Traité pratique du magnétisme humain, résumé de tous les principes et procédés du magnétisme pour rétablir et développer les fonctions physiques et les facultés intellectuelles. — Deuxième édition, 1 vol. in-12. Prix : 5 fr.

Physiognomonie, art de connaître et juger les mœurs et caractères. 1 brochure in-12. Prix : 2 fr.

Toulouse, imprimerie Troyes Ouvriers-Réunis, rue Saint-Pantaléon, 3.

www.ingramcontent.com/pod-product-compliance
Lightning Source LLC
LaVergne TN
LVHW012000180726
843502LV00005B/1482